葡萄酒侍酒師

洪昌維 編著

全華圖書股份有限公司

擦亮侍酒師招牌－讓專業發聲

目前在臺灣對於 Sommelier 這個職業類別，大多數人還是不夠認識，因此無法大大彰顯侍酒師的專業與功能，侍酒師的職能不僅在飯店與餐廳的場合未受重視，就連能完整做到侍酒師工作的人都不多。

一位合格侍酒師，必須學習各類餐飲服務、了解各種菜餚的搭配、標準的侍酒動作，還須具有良好的溝通能力、頂級的服務意識，及酒單設計編排、酒款選購、配套的餐飲管理…等相當多的先備知識與能力。所以要當一名合格侍酒師須透過考試認證，作爲知識與能力判定的標準，再因應通過的認證層級不同，而有不同的侍酒師等級，除了讓侍酒師有不斷追求向上升級的榮譽感，也能作爲職場定位侍酒師職能的依據，穩固侍酒師市場的專業水平。

本書撰寫有兩大目的，一是「教育」一是「推廣」。目前我們已與國際接軌，希望能透過「教育」讓有志者成爲侍酒專業職人，更積極的希望每一位通過認證者，能成爲一批批的種子教官，往下紮根，帶動整體風氣。此外，也希望一般讀者能藉此了解這門知識，與業者共同學習、提升餐飲市場的消費文化水平。「推廣」是爲了讓餐飲業者了解侍酒師的功能，有效運用侍酒師的服務、銷售、管理等專業，爲餐廳、飯店業者帶來實質的效用，並帶動消費者正確的飲酒文化。

本書的籌劃醞釀多時，從前年「第一屆全國校際盃年輕侍酒師精英賽」開始，努力至今，歷經了一段頗爲曲折的路，這一路上不管是給予支持、建議或批評、指正，對我們來說，都是繼續努力下去的動力，未來我們會繼續與餐飲業者及酒商合作舉辦活動，希冀每一屆全國校際盃年輕侍酒師精英賽，都能讓大家看見侍酒師往下紮根的成效，並提供侍酒師與業界更多接觸平台。

撰寫本書的初衷是希望盡我最大的力量，爲侍酒師領域服務，積極爭取侍酒師職能的權益及各方資源，持續與國際交流、接軌，以穩健、踏實的腳步，持續擦亮侍酒師招牌，讓專業發聲！

洪昌維

112 年 3 月

台灣亞洲葡萄酒學會 AWI-TAIWAN 會長

附錄

第一章
什麼是侍酒師

知識酒窖

女性侍酒師的法文爲 Sommelière。

第一節　侍酒師的演進

侍酒師起源於法國，法文原爲 Sommellerie，大部分英語系國家以 Sommelier 稱之，也有人稱爲 Wine Steward。根據侍酒師工會（Union de la Sommellerie Française, UDSF）的描述，Sommelier 原爲負責管理食物、飲料等的補給和運輸者，後來演變爲宮廷裡負責服務國王酒水的侍者，到了 14 世紀法國國王菲利浦五世開始將侍酒師視爲一項專業的工作。

但直到法國大革命之後，侍酒師的工作才眞正受到重視，到了 19 世紀，烹飪成爲顯學，餐廳服務的重要性也隨之提升，當時侍酒師和各種餐廳服務人員的地位，就有如藝術家一般的受人尊重。法國侍酒師工會於 1907 年成立，巴黎侍酒師協會於 1959 年成立，也使各種侍酒師的競賽如雨後春筍般的出現，也讓社會更重視和認同侍酒師的專業。

早年侍酒師發現葡萄酒可能有瑕疵時，會用銀質或是不鏽鋼做成的試酒盤（Tastevin）（圖 1-1）斟入少許的葡萄酒，檢查酒色、氣味及口感，印證酒質的良窳。現在正式的西餐廳中，試酒盤被製成鍊飾供侍酒師或葡萄酒侍者佩戴，雖然是裝飾用，卻代表著侍酒師在餐廳中的地位。

圖 1-1　早年侍酒師使用的試酒盤

現代侍酒師主要是負責餐廳裡飲料服務的專業人員，特別是葡萄酒類的推薦，提供餐酒搭配建議及服務開瓶、醒酒、換瓶、倒酒等。在餐廳的營運上，隨著侍酒師層級的不同，而被賦與其更多新的工作內容，包含開胃酒、飲用水、佐餐酒、餐後酒的銷售等。而在日常行政工作上，侍酒師也負責餐廳中的飲料管理，包括酒單及飲料單的建立、飲料採購、酒窖管理、飲務盤點、銷售分析、教育訓練等。

一位優秀的侍酒師要有豐富的葡萄酒專業知識做爲基礎外，更要具有完備的餐飲素養，才能給予用餐的客人最適合的搭配與建議。而高階的侍酒師更要有良好的溝通能力和頂級的服務意識，讓用餐的消費者感受到賓至如歸的細膩服務。

在餐飲業的經營管理上，侍酒師從古至今一直扮演重要角色，一位高階的侍酒師，更要具備餐飲管理的專業素養。

要讓侍酒師的專業能發揮到極致，侍酒師本身更須具備深厚的美學修養、時尚敏感度、高超的鑑賞能力，與不凡的品味，侍酒師本身就如同一位美食的藝術家，在這些涵養與能力的薰陶下，譜出五彩斑斕的職業生涯，並帶給每一位用餐的客人一場難忘的美食饗宴。

第二節　侍酒師的角色與任務

一位合格的「侍酒師」必須受過專業的服務訓練，對酒類有廣泛的知識，熟知葡萄酒的服務，更重要的是要完美搭配客人的餐酒，因此侍酒師在餐飲業中的專業知識程度與工作任務，比一般的服務生要複雜多了。（圖 1-2）

圖 1-2　向客人解說葡萄酒是侍酒師的工作之一

侍酒師的工作範圍可以分爲台前、台後兩部分，概念其實與舞台的前台和後台有異曲同工之妙，以下爲侍酒師的台前和台後工作的詳細解說。

一、台前

所謂台前，泛指侍酒師在顧客面前提供的各項服務，包括展示介紹、開酒、醒酒和斟酒等服務。包括下列幾項主要的任務：

（一）擔任客人與廚房間的溝通橋樑

侍酒師開始執勤時，首先要與廚師溝通當天的菜單，充分了解食物和料理的特色後，規畫可以推薦搭配的餐酒。

（二）介紹餐廳內葡萄酒及其他飲料

侍酒師通常是客人入座後，第一個與客人接觸的的服務人員，必須帶著愉快的心情問候客人，並自我介紹，詢問是否需要開胃酒等飲料，同時提醒客人有任何酒類飲料服務時，隨時都可以要求侍酒師的服務。而在餐後侍酒師也必須詢問加點餐後酒的意願，是否需要咖啡或茶等搭配甜點。

（三）爲客人推薦搭配葡萄酒或其他飲料

待客人點完菜後，侍酒師需看過客人的點單後，趨前了解客人用餐的目的，是商務型用餐，還是慶祝型用餐或是親朋好友的聚會，並詢問客人的喜好、用餐的時間與預算，依據這些資訊，配合客人所點料理，判斷適合搭配及推薦的餐酒。

（四）侍酒服務

客人點好酒後，侍酒師前往酒窖取酒，並和客人再次詳細確認產區、酒莊、葡萄品種、年分及國別等酒的資訊後，就可以爲客人進行上酒的服務，從開瓶、醒酒、換瓶、試酒和斟酒等動作，都有一套如儀式般的標準作業程序，本書第二部將會詳細介紹說明。

二、台後

台後指的是侍酒師相關的餐廳行政管理工作，從酒單的設計編排、酒窖的管理、酒類採購建議到人員訓練等等，主要包括以下的任務：

（一）酒單的設計及編排

侍酒師必須非常清楚餐廳的定位與菜單，也須充分與廚師溝通，不僅要了解食材，更要認識醬汁及菜餚的作法，才能完美搭配酒和料理。同時根據餐廳的定位及對料理的認識和了解，設計和編排適合餐廳料理的酒單。餐廳的水準不是酒單的多寡來決定，酒單必須適合餐廳的定位，不適合和過多的酒，會增加營運成本和庫存壓力。（圖 1-3）

（二）酒類的採購建議

編排設計酒單後，就必須對餐廳老闆提出酒類的採購的建議，除了前述的需求與餐廳主廚充分溝通，了解菜餚菜式和餐廳的定位外，還必須掌握餐廳的消費族群的喜好。例如，年輕族群喜歡嘗鮮，預算可能不高，多傾向點單杯酒（House Wine）。而在香港更有以點完酒後再點餐的方式，顛覆一般傳統「以酒搭餐」的觀念。

圖 1-3　餐廳的酒單編排，也是侍酒師的工作之一

（三）酒窖的記錄管理

除了一些數十年或上百年的老餐廳自有一套習慣的酒窖管理系統之外、目前多數的餐廳都引進電腦化的數據管理、採用了 2013 年在香港舉行的「世界侍酒師高峰會」所提出的棋盤式管理概念，可以讓侍酒師清楚的知道各品項的庫存數目，更容易從酒窖中取得相關的品項。葡萄酒的儲存也有其學問，因此酒窖管理除了是掌握酒的存進貨之外，也要檢視酒的儲存環境與狀態，讓餐廳的酒都能保有一定的品質，不致劣化。（圖 1-4）

（四）新進人員的訓練

相對而言，侍酒師必備的知識與服務，比一般餐廳服務人員要來得多、在提升餐廳的服務品質，甚至提高酒水的銷售額的要求下，侍酒師是責無旁貸。因此侍酒師通常需要負責一部分的員工訓練，尤其是飯店，多數會要求侍酒師需要負責員工的在職訓練。

圖 1-4　酒窖的管理也是侍酒師的工作之一

第三節　侍酒師的專業知識

一位合格稱職的侍酒師應具備多元的餐飲基本知識，包括葡萄酒、其他酒精料飲料及非酒精類飲料的知識及服務、酒與餐的搭配、西餐禮儀、西餐服務技巧等。

一、葡萄酒的專業知識及服務

前面曾提到侍酒師的主要工作就是在餐廳提供葡萄酒銷售服務，並向客人展示介紹酒款、開酒，醒酒及斟酒。葡萄酒文化博大精深，葡萄酒種類浩瀚如海，面對來自法國、義大利、西班牙、美國、澳洲等不同國家的酒款、不同的葡萄品種、不同產區、不同語文的酒標，侍酒師需要豐富深厚的葡萄酒知識，才能一一的表達解說。

侍酒師還要能針對不同的酒做適當的處理和服務，包括醒酒、適飲溫度、挑選杯具，更要能搭配餐點食物，處處都是學問，都必須事先了解，才能適應侍酒時的複雜工作。

二、如何搭配葡萄酒與餐點

侍酒師所處的工作環境是餐廳，因此最常面對的任務就是爲客人的餐點搭配適合的葡萄酒，因此一位稱職合格的侍酒師，就是要能發揮平常累積的葡萄酒知識，找出與餐點的完美組合，讓酒和餐相輔相成，甚至融合出更多的美味經驗。

葡萄酒如何去搭配餐點沒有一定的規則與格式，但身爲一位專業的侍酒人員，除了尊重客人的選擇之外，當客人需要專業的協助時，必須能夠提供正確與足夠的選擇給客人做參考。例如知道白酒裡的果酸能幫海鮮類食物去腥提鮮，紅酒裡豐富的丹寧則是能爲紅肉類去油解膩。

西餐重視醬汁，醬汁在料理的味道上扮演舉足輕重的角色，醬汁通常運用相當多的素材、香料調製，顯示主廚的個人風格，也決定餐廳的特色，因此除了食材外，也要注意葡萄酒如何與醬汁搭配，更能襯托出料理的美味。

三、各類酒精性飲料的知識

雖然侍酒師主要的工作是爲客人進行葡萄酒的服務，但餐廳不一定只賣葡萄酒，一般都會因應客人的需求，供應其他酒精性飲料。（圖1-5）再從西餐服務的觀點來看，除了餐酒之外，

圖 1-5　侍酒師需要對酒精飲料有一定的涉獵

在用餐前會讓先到的客人喝些開胃酒，包括香檳、氣泡酒，甚至是其他的調酒飲料，到了夏天更有很多人一坐下來就想先來杯冰涼的啤酒。

餐後也會搭配不同的酒，一般是冰酒或貴腐酒等甜白酒，來搭配甜點；也有人喜歡喝葡萄蒸餾的白蘭地或是葛拉帕（Grappa，亦稱爲義式白蘭地）等烈酒，而葡萄牙的波特酒（Port），西班牙的雪莉酒（Sherry）等也是不錯的選擇，侍酒師也必須對這些酒精性飲料有一定的涉獵與了解，才能根據客人的喜好來推薦。

四、各種非酒精性飲料的知識

侍酒師面對的是形形色色的客人，不是人人都喝酒，因此侍酒師除了各類酒精性飲之外，也需具備非酒精性的飲料的常識。從基本的礦泉水到各種咖啡、茶飲及果汁等。像礦泉水就分爲氣泡礦泉水（Sparkling Water）與無氣泡礦泉水（Still Water），茶從烏龍、包種、鐵觀音、普洱、紅茶等種類繁多；咖啡是義式、濾滴式還是手沖，咖啡豆的品種和產地，也要有基本的認識；也有餐廳會提供季節新鮮果汁。各種非酒精性飲料侍酒師都必須了解其味道與特色，才能推薦給客人飲用。

五、西式餐飲的禮儀

在服務別人之前，身爲專業人員的侍酒師必須先懂得西式的餐飲禮儀，充分的了解後才能掌握服務的技巧。

基本西餐禮儀廣義來說，有別於中餐的就是西餐。在臺灣，對於外來的餐飲，尤其是西洋來的都統稱爲西餐，但字意上來說，西式餐飲文化應該指的是以歐洲的餐飲文化爲中心。因爲即使是所知的美國、澳洲的餐飲文化，也都是延襲歐洲的文化。而中式的餐飲文化和西式的餐飲文化最大的差別就是在餐具上的使用，也就是筷子和刀叉使用上的區別。

使用刀叉是歐洲餐飲文化中的一大特色，也是歐洲各民族餐飲文化的共同點，與中餐使用的筷子截然不同。我們從小用筷子用慣了，大概三、四歲就開始學著用筷子，用筷子吃飯是再自然不過的事；但對刀叉可就沒有那麼熟悉了，尤其是一般正式的西餐宴席上，每人面前約擺七、八支，有時甚至超過十支，吃什麼菜該用那支？如何拿？如何用？這恐怕就不是人人都知道的了。（圖 1-6）

圖 1-6　一般西餐的餐桌擺設

立志往餐飲業發展，甚至想成爲專業的侍酒師，面對的市場是全世界，學習不能畫地自限，視野和學習環境都必須國際化，放眼全球，各種不同的飲食文化，是餐飲工作從業人員必須學習的一部分，從刀叉使用開始的西餐禮儀，就是了解歐洲飲食文化內涵的一部分，得以展現正確而得體的禮儀，並帶領著我們走向世界的舞台。

（一）用餐之前

1. 訂位是種禮貌也是尊重，應儘可能事先訂位，可以藉此機會了解餐廳的各項服務、服裝要求（Dress Code）等。用餐前事先訂位，也可讓餐廳提早安排座位，客人也可要求座位安排，如靠窗邊等，讓你的客人感到受重視。
2. 進入不同的等級的餐廳，會有不同的服裝要求，可以事先利用訂位時詢問，以免失禮。基本上可分爲：輕鬆隨興（Casual）、都會休閒（Smart Casual）、正式場合（Smart or Intelligent）、正式晚宴（Black Tie or Dress Code）。

（二）入座

1. 到達餐廳時，一般門口會有接待員詢問接待，若無接待員，則應等待餐廳服務人員過來詢問帶位，不要自行進入尋找座位。
2. 一般商業餐會或正式餐會有女伴隨行；入座時，禮貌上須讓女仕優先坐下，男士方可就坐。
3. 一般商業餐會或正式餐會，就座時輕鬆端正即可，桌沿與胸前約兩拳寬（約15公分），但勿將手肘放在桌面上，或全身靠在椅背上。
4. 女士帶有小提包，不可放在桌面上，應擺放在背部與椅背間，若帶有大提包，則應擺放在桌面下腳跟旁。大件的行李提袋及厚重外套，可交給服務生或餐廳櫃檯保管。
5. 所有用餐者坐定後，等待宴客主人攤開餐巾布，才可打開餐巾或餐紙，擺放在大腿上。若人數未到齊，則不宜啓用餐巾。
6. 暫時離開座位時，餐巾宜擺放在椅背或椅墊上，千萬不可擺放在桌面上。（圖 1-7）

（三）點菜

1. 不必傳遞菜單，一律由服務生遞上，服務生遞來菜單時，接過後輕聲說謝謝，不須再將菜單傳遞給身邊的人。
2. 席間若需要服務，舉手示意即可。呼叫服務態度要得宜，可單手舉起、雙指併攏，不可拍手、大聲呼喊，也不可彈指呼叫。
3. 勿指著別人桌上的餐點點菜，但可以低聲詢問服務生。
4. 一般的點餐，是指單點，可先點前菜，再點湯或副食，最後點主菜。點菜時要注意同桌的人如何點菜，若多數點兩道菜時，最好也點兩道，而甜點及咖啡宜在餐後才點用；若點套餐則無此限制。

圖 1-7　暫時離座時，餐巾宜擺放在椅背上

5. 通常單點的用餐，用完主菜後，才會請領班送上菜單，點用飯後甜點或咖啡、茶、甜酒等飲料，有時甚至會在飯後點瓶酒和起司盤等。

（四）刀叉使用

1. 使用刀叉時一律由外往內拿取，若中途須將刀叉放下，應將刀叉靠在盤緣，不可放入盤中。女士的刀叉落地時，應由鄰座男士代為撿起，或請服務生代勞；若是男士的刀叉落地，一般由男士自行撿起，請服務生更換。
2. 用餐時不可將刀叉豎起，非常忌諱學嬰兒將刀叉豎起來拿。
3. 用餐完畢，刀叉併攏擺放在盤子的內側，刀柄及叉柄擺向右邊，叉尖向上擺放。（圖 1-8）

圖 1-8　用餐完畢刀叉的擺放方式

（五）用餐禮節

1. 一般商業餐會或正式餐會時，須等全部菜都上齊時，服務生招呼過或介紹過後方可食用，上菜服務時會以女士優先。
2. 食用餐包時應用手剝一小口，沾醬或塗上奶油食用，剝取的大小以適合放入口中為宜，且一次放入口中，不宜直接用牙齒咬斷或撕裂。（圖 1-9）
3. 西餐的湯是吃湯非喝湯，不宜發出聲響。西餐的湯品概念與中餐不同，中餐是以湯配菜；西餐是以酒搭餐，湯在西餐中是　道吃的料理，吃湯時以湯匙舀湯，湯匙前端送入口中，而不是用吸的方式喝湯。

圖 1-9　麵包應剝一小口沾醬食用

4. 用餐速度宜稍觀察同桌女士用餐的速度，一般中餐用餐比較自我；但在西式的用餐禮儀裡，則須注意同桌人的速度，不可太快或太慢。
5. 用餐期間應該避免一些衛生上或禮節上忌諱的小動作，如打噴嚏、咳嗽、打嗝；若忍不住時，應側身以餐巾掩面，或至洗手間處理。

圖 1-10　拿酒杯時輕握杯腳

6. 食物入口非不得已不可吐出；若非得吐出，可以手掌握拳包覆方式取出。西餐料理儘量避免有帶骨、帶刺的食物，可減少食物入口後再取出的問題。若不得已須取出時，應該以手掌握拳，將口中物送進手掌中再取出，並以紙巾包起來暫放桌上，等服務員來收拾桌面時一起帶走。
7. 飲料服務應交由服務生處理，不可自行取杯；但可稍微閃身，以方便服務生服務。
8. 用餐酒是種用餐禮儀，宜先招呼或祝福方可飲用，不可擅自拿起飲用。許多餐會用餐時，常會點用餐酒，應先舉杯、碰杯並互相祝福寒暄，再飲用。每一道菜用餐前，也都可以舉杯、碰杯。
9. 拿酒杯宜拿取杯腳，不宜拿杯身，亦不宜握住杯身敬酒碰杯。（圖 1-10）
10. 使用洗手缽時，宜採單手洗。目前已較少提供洗手缽的服務，但在歐洲一些正式的餐廳，還是有這個服務。洗手缽正式用法是以單手入缽中，略微沾水，另一手取餐巾布，承接沾濕的手、擦乾，再換手洗。
11. 補妝和剔牙應注意禮儀，飯後剔牙是稀鬆平常的日常生活，現在西餐也是習以爲常，但女士不會在餐桌上補妝、剔牙，而是要到化妝室進行。
12. 不可當衆打飽嗝；在中餐廳用餐時，對打飽嗝並不會被特別在意，但在國外，尤其是歐洲國家，餐桌上打飽嗝是非常不禮貌的。

（六）結帳離席

1. 結帳時，應請服務生提供帳單，中餐的習慣是到櫃檯買單；西式的做法多是請領班或經理送帳單到客桌，在桌邊結帳。
2. 退席時，須等宴客主人招呼過、起身，賓客方可起身。若有女士同行，禮貌上須幫女士拉開椅子，方便起身。離席時，餐巾可以順手不規則的擺放在桌面上。
3. 退席時，必須禮貌致謝主人或主持人，並向前自然握手，表達感謝之意；禮貌上，宴客主人也須向賓客一一道別，並最後離開。

六、西式餐飲服務的技巧

餐飲業本身就是服務業，且已經發展出一套非常成熟精準的服務標準。目前學校已有相關教學課程，本書不再詳述。

七、各式酒類用具與杯具的應用

各式酒器與杯器都有其相對應的關係，從開胃的啤酒杯、調酒類的杯子、香檳杯、白酒杯、紅酒杯、威士忌杯、白蘭地杯等，都各有其不同的用途與風味表現。侍酒師在學習葡萄酒與其他酒類飲料的常識時，也必須一併認識各種酒類對應的器具和杯具，讓飲料在杯具的烘托下，散發出極致的美味。

第四節　侍酒師的素養

餐飲不只是服務業，從料理到搭配的飲料，都是一種文化，甚至可說是一種藝術形式的表現，因此一位合格且稱職的侍酒師，除了豐富的葡萄酒專業知識和深厚的侍酒經驗外，更需要累積時尚、品味和美學的素養，才能將自己的餐飲專業知識，內化成爲更深層的內在素養，並眞正表現餐飲文化的博大精深與細膩精緻之處。以下是侍酒師在專業知識外應具備的基本素養：

一、敏感的時尚品味及良好的美學鑑賞能力

專業的侍酒師必須持續自我鞭策，在藝術、美學上持續培養鑑賞的能力，同時對時尚要保有一定程度的了解。侍酒師在餐廳會面對形形色色的客人，對時尚保有一定的敏感度，及對美的事物有廣泛的鑑賞能力，才能與客人站在同一位階上，與客人溝通。無論是追求時尚流行的客人，還是遵循傳統餐飲品味的客人，具有時尚敏感度及美學鑑賞能力的侍酒師，才能夠了解客人的需求，並提供對應的服務，更因這些深厚的美學時尚素養，獲得客人的信任。

二、頂級的服務意識及正確的餐飲管理知識

合格的侍酒師必須認知到這行業爲他所帶來的榮耀與地位。侍酒師不僅是餐飲業中飲品的專業服務者，更是一名頂級的業務人員，是同事間飲品知識諮詢的對象，靠著侍酒師豐富的餐飲管理知識，更可成功提升一間餐廳的服務與銷售品質。

三、具有宏觀的視野及穩重的氣質

除了前面曾經提到的葡萄酒專業知識和美學時尚的素養外，侍酒師要取得客人的依賴和信任，更必須培養宏觀的視野和穩重的氣質，這兩項特質需要一定的經驗累積和人生歷練，不是一蹴可及，若以侍酒師爲人生的事業，就必須自我勉勵，藉由旅遊、進修、學習，自我鞭策，才能成爲侍酒服務上眞正的大師（Master）。

第五節　侍酒師的態度

餐飲專業人員在工作上的表現就是服務，服務要到位，除了專業知識外，態度更是重要。秉持熱情和謙虛的態度，才能將自己平日累積的專業知識，順暢的傳遞給客人，讓客人感受到專業與貼心，因此侍酒師必須具備有以下的態度，才能成爲一個成功的侍酒師。

一、謙虛的態度

侍酒師在本業的葡萄酒知識絕對是一般人所望塵莫及的，但以服務業的角度來看，侍酒師僅能秉持專業的知識，提供客人更多的選項，但最後的決定權仍是在客人身上，一位好的侍酒師切忌賣弄自己的專業，且咄咄逼人自以爲是。侍酒師應勿忘服務初衷，以謙虛的態度面對客人。

二、良好的溝通及察言觀色的能力

一位經驗老到的侍酒師必須懂得察言觀色，而且具有良好的溝通能力，不只在葡萄酒的解說和推薦上精準清楚，也能聽出某些客人話中有話的含蓄表達，爲客人找出他的所要的品項，推薦適合客人需求的葡萄酒，讓客人感受到貼心的服務，甚至增加回客率，提升對餐廳的忠誠度。

圖 1-11　侍酒師需具備優雅的儀態及熟練的技巧

三、熟練的基本動作及優雅的服務儀態

一位熟練的侍酒師除了具有標準的基本侍酒動作之外，更要有從容不迫的優雅儀態。（圖 1-11）我們在歐洲各大主要城市常看到酒館的侍酒師大多是稍有年紀的侍者，儀態優雅，服務動作熟練，往往令人印象深刻與折服。因此侍酒師熟練及優雅的服務儀態，更能帶給客人信任感與尊重，在服務及溝通上無形中可以更順暢。

第六節　侍酒師的價值

如何為餐廳部門創造價值，甚至於為自己創造價值，絕對是侍酒師生涯的一大課題。在餐廳裡，侍酒師扮演的不只是一位專業服務人員，更是一位絕佳的諮詢對象與銷售員，更是單品業績的主要創造者。

一、餐廳的主要銷售員

餐飲市場競爭激烈，餐廳業者進入微利時代，如何提升競爭力，提高營業額，唯有從飲料著手了，餐廳提供的料理和飲料本來就有密不可分的關係。葡萄酒是目前最具代表性的用餐飲料，推廣的重任當然落在侍酒師身上。侍酒師是餐廳裡最有資格銷售葡萄酒，提高餐飲業績的人選。例如兩位顧客上門點兩份高檔的套餐共 4,000 元，唯有讓客人點飲料才能增加消費額，而侍酒師這時就化身為飲料的銷售員，說服客人點用飲料，為餐點加分，更為餐廳增加獲利。

二、顧客的主要諮詢對象

目前飲用葡萄酒雖然相當普遍，但多數人到餐廳用餐並沒有以葡萄酒佐餐的習慣，部分原因是沒有侍酒師等服務人員指點迷津，這時若有侍酒師給與適當的建議，大多會得到客人的讚賞。（圖 1-12）適時適當的作為客人的諮詢對象，贏得客人的信任，是侍酒師最大的榮耀。

圖 1-12　侍酒師是顧客主要的諮詢對象

三、餐廳的重要管理者之一

前面提到，一位合格的侍酒師不僅在台前表現良好，動作優雅，更是在台後要有組織能力，行政管理能力，尤其是酒窖與飲料相關的管理，行政管理能力攸關餐廳的營運成本，因此侍酒師也是餐廳的重要管理者之一，若侍酒師可以發揮管理的長才，適必能在餐廳的經營上加分。

四、單品業績的主要創造者

餐廳是一個團隊的運作，但相對於廚房的多工運作，出餐時需多人多時的合作，侍酒師絕對是以葡萄酒爲主飲料單品的業績創造者。一般國外餐廳飲料的銷售額，約占總營業額的 20 ～ 40％；但反觀國內，飲料銷售的占比相較國外低了許多，一般約在 20％以下。因此，在餐飲業的銷售上，飲料的銷售仍然有相當大的發揮空間。

第七節　侍酒師的認證

一位合格的侍酒師，須通過考試認證，並依其專業能力不同而有不同的等級。以確認侍酒師可以在其不同的職等範圍內，爲消費者提供正確的服務。

爲了確認一位侍酒師能在其職等的範圍，提供消費者正確的服務，國際間也有數個組織提供侍酒師的訓練課程與認證；其中最具公信力的侍酒師認證組織爲「國際侍酒大師公會（The Court of Master Sommeliers, CMS）」了！

CMS 於 1969 年在英國舉辦了第一次的侍酒師認證考試，1977 年 4 月正式成立國際侍酒師考試認證機構。CMS 的認證分爲四個級別：

第一級　初級侍酒師（Introductory Sommelier, IS）（圖 1-13）

第二級　認證侍酒師（Certified Sommelier, CS）（圖 1-14）

第三級　高級侍酒師（Advanced Sommelier, AS）（圖 1-15）

第四級　侍酒大師（Master Sommelier, MS）（圖 1-16）

圖 1-13　初級侍酒師的徽章

圖 1-14　認證侍酒師的徽章

圖 1-15　高級侍酒師的徽章

圖 1-16　侍酒大師的徽章

第一級的初級侍酒師與第二級的認證侍酒師，皆可在當地上課和參加認證考試；第三級的高階侍酒師（AS）考試是採用申請制，高階侍酒師須通過初級和認證侍酒師的考試認證之後，再加上5年以上的實務經驗，且須向CMS申請，經過CMS的學術委員會（CMS Academic Admission Committee）篩選後，才能到英國或美國參加高級侍酒師的課程和考試。至於MS侍酒大師的認證，則是由CMS的學術委員會邀請通過高階侍酒師（AS）的侍酒師參加會考。

這套認證制度於2013年被臺灣亞洲葡萄酒學會（AWI-TAIWAN）引進；其中（CMS）的第一級與第二級可以在臺灣上課和考試，但全程以英文授課和考試，當時有12位通過了IS的考試認證，但只有4位通過了CS的考試。由於CMS的認證難度較高，於是臺灣亞洲葡萄酒學會專爲臺灣，規劃設計了一套CMS侍酒師先修班的課程；這套專爲臺灣設計的先修課程與認證共分以下三個級別：

第一階　初階侍酒師：學習侍酒師的基本服勤技巧、品酒與葡萄酒的知識。

第二階　進階侍酒師：學習侍酒師的服務技巧，葡萄酒分級進階知識，產區認識。

第三階　合格侍酒師：學習進階侍酒技巧與知識；進階葡萄酒知識並與CMS的第一級侍酒師接軌。

第一階的初階侍酒師與第二階的進階侍酒師都是以中文教學訓練，而葡萄品種及產地等專有名詞則以原文教學，便於銜接未來課程。這兩項課程在完成研習時數及認證考試後，將會發給研習證明及認證徽章，取得第二階的進階侍酒師資格後，則才有資格升級至合格侍酒師的研習與認證。

第三級的合格侍酒師，課程時數共24小時（3天），上課語言則是中英並用，注重高階侍酒師的培訓與葡萄酒產地知識。上課講義、考試以英文爲主，通過考試測驗後，可取得參加CMS國際初級侍酒師認證的門票，而CMS的認證考試會不定期在臺灣舉行。

另有一個相當有名的國際認證單位，是由國際侍酒師協會（Association de la Sommellerir Internationale, ASI）舉辦，在現任會長田崎眞也的推動下，於2013年啓動了ASI的認證機制，目前以認證會員國的會員爲主，每年在三大洲各舉辦一次，分別爲歐洲區、美洲區、亞太區。

國際侍酒師協會（ASI）成立於1969年，迄今約有55個會員國及4個觀察會員國，這些國家都設有官方或民間的侍酒師組織，而葡萄酒大國法國更早在20世紀初就成立了侍酒師公會，這些組織都是爲了推廣與提升侍酒師的專業能力與認證，落後多時的亞洲國家，近年更是積極的在推動相關的訓練課程與師資培訓。

第八節　侍酒師的養成與訓練

總結前述內容，一個合格稱職的侍酒師需要訓練及養成以下的能力，才能為客人提供恰到好處的服務，帶給客人一個難忘的用餐經驗：

1. 侍酒的技巧：包括開酒、醒酒、換瓶、倒酒及飲用時的溫度、杯具等，都需要提供正確的服務，並表現出優雅的儀態。
2. 葡萄酒的知識：葡萄酒文化博大精深，必須詳細了解葡萄的品種、酒的產區等，所形塑出的不同特色，才能在此基礎上為客人提供多元的資訊及介紹。
3. 飲食文化的認識：餐飲本就密不可分，要以葡萄酒等飲料為料理加分，唯有了解料理本身，才能讓餐和飲彼此相輔相成，甚至發揮一加一大於二的效果。
4. 外語的學習：雖然葡萄酒的課程已有不少可以中文授課，但是葡萄酒世界仍以英語、法語為主流，許多高階的認識課程，也是以英文教材為主，甚至是以英語授課，因此要在侍酒師的世界更上層樓，勢必要有一定的外語能力，因此在培養侍酒專業之餘，也必須同時增進自身的外語能力。
5. 鑑賞力的培養：餐飲是文化，也可以說是廣義的美學。服務的技巧和專業的知識，仍須深厚美學鑑賞能力來形塑品味與特色，而不是照本宣科，有志於侍酒師的年輕學子須從閱讀、旅行與生活經驗中累積與培育。
6. 謙虛的態度與溝通的藝術：侍酒師是餐飲服務的一環，秉持專業為客人提出建議之餘，仍應抱持謙虛的態度，提醒自己以客為尊。還要訓練察言觀色的能力及訓練溝通技巧，才能掌握服務客人時應對進退的分際，表現專業的素養，更能贏得尊重與信任。
7. 餐飲管理的提升：侍酒師除了服務，也深入餐廳的管理工作。適任且優秀的侍酒師，可以藉著飲料為餐廳增加銷售，還可以發揮管理的長才，藉由良好的酒單設計及酒窖管理，為餐廳控管成本開銷，因此行政管理的部分也是其工作重點之一。

本書主要目的，希望能成為有志於侍酒師的餐飲相關科系學生之入門書，內容均以基本的侍酒師養成與訓練為主，而語言、溝通技巧、鑑賞能力、服務的態度與管理，則須在學校、專業認證課程，甚至是職場上不斷的學習和精進，才能站在葡萄酒文化的基礎上，不斷向上提升，成為獨當一面，且能為客人提供難忘美食經驗的侍酒師。

第二章 侍酒師的服務

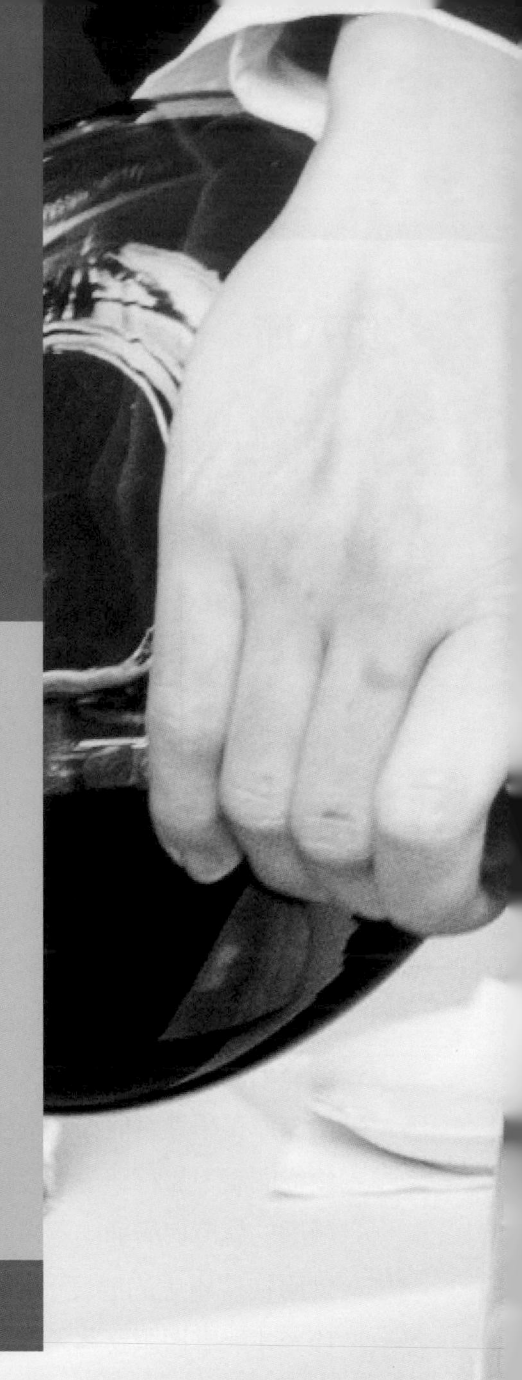

第一節　侍酒師的器具

一、軟木塞

多數的葡萄酒使用軟木瓶塞（Soft Plug），無法徒手開瓶，要嘗到瓶中的瓊漿玉液，得先用開瓶器，突破這一關，因此在談開啓葡萄酒之門的開瓶器前，得先認識一下這個鎖住葡萄酒風味的軟木塞。

約在西元 1700 年左右，葡萄酒才開始使用玻璃瓶容器，爲了標準化和方便酒橫放儲存與運送，英國人首先使用軟木塞來封口，以防酒汁溢出。

圖 2-1　工人正取 Cork oak 樹皮

軟木塞充滿了葡萄酒文化的智慧，軟木塞是由栓皮櫟（Cork Oak，又稱軟木橡樹（圖 2-1））的樹皮製作的，大部分產於葡萄牙。軟木塞材質輕，具有彈性，被擠壓後塞進瓶口，一旦就定位就會延展固定。許多高品質的酒喜歡採用軟木塞，是因爲軟木塞可以讓酒呼吸，適合葡萄酒陳年。軟木塞其實也是很環保的，製作軟木塞時不用砍樹，只要剝下樹皮，而樹皮會再生。

但軟木塞也有缺點，雖然有助於葡萄酒陳年，但時間久了容易脆化，即使將酒橫放，有時還是無法避免。加上軟木塞價格比較昂貴，因此隨著科技進步，也出現了塑膠材質的瓶塞，一般都是平價酒使用，可以降低成本；好一點的塑膠瓶塞兩端會設計成海綿狀的高密度塑膠，讓酒也可以呼吸。

近年來新世界的酒開始使用金屬旋轉瓶蓋，金屬蓋的好處是不會因爲劣化、脆化，汙染葡萄酒，而且開啓容易，不須使用開瓶器等工具，價格也比較便宜。（圖 2-2）

金屬蓋和軟木塞各有優缺點，使用軟木塞的酒讓人覺得比較高級感和有品味，但不代表金屬蓋的酒就比較差，而有些平價和低價酒雖然使用軟木塞，但也不見得是百分之百的天然軟木塞。

圖 2-2　不少新世界的酒採用金屬蓋

二、開瓶器

介紹完了瓶塞，就要介紹開瓶不可或缺的工具：開瓶器（Opener）。工欲善其事，必先利其利器，一支好用順手的開瓶器，絕對是侍酒師的良伴，最早只是用刀子將軟木塞拔出，後來發展出 T 型的螺旋鑽子。隨著時代演變，開酒器也變得多樣化，甚至連開瓶口的鋁箔，也都有專用的切割器。（圖 2-3）以下是幾種常見的開瓶器：

圖 2-3　鋁箔切割器

（一）T 字開瓶器

T 字開瓶器（T-shaped Bottle Opener）是最簡單、原始的開瓶器，將螺旋鑽子轉入瓶塞，再用力拔出，但施力不均，極可能使軟木塞斷裂，甚至碎屑掉到酒中，優點是價格便宜。（圖 2-4）

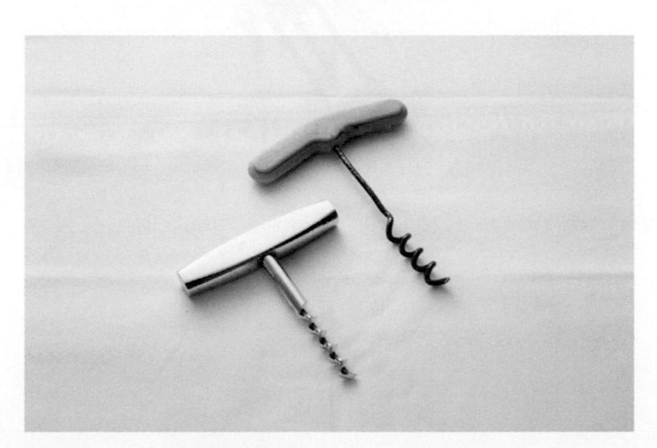

圖 2-4　T 字型開瓶器

（二）侍酒刀

因外型像鸚鵡，也稱爲海馬開瓶器，英文名稱爲 The Waiter's Friend，是侍酒師最常用的開瓶器，由鋁箔刀、支撐架、握把及螺旋鑽子 4 個部分組成。依支撐架的形式不同，可以分成一段式（圖 2-5）或兩段式（圖 2-6）；兩段式有兩個支點，比較好施力；有的侍酒刀還可以開啓啤酒等酒類。雖然隨著科技進步，開瓶器也日新月異，但侍酒刀仍沒有被淘汰掉，依然爲專業侍酒師，甚至是業餘人士愛用。

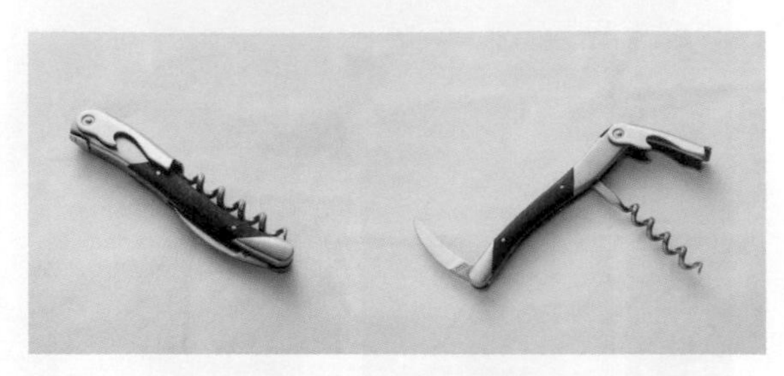

圖 2-5　一段式侍酒刀，左－收起，右－展開

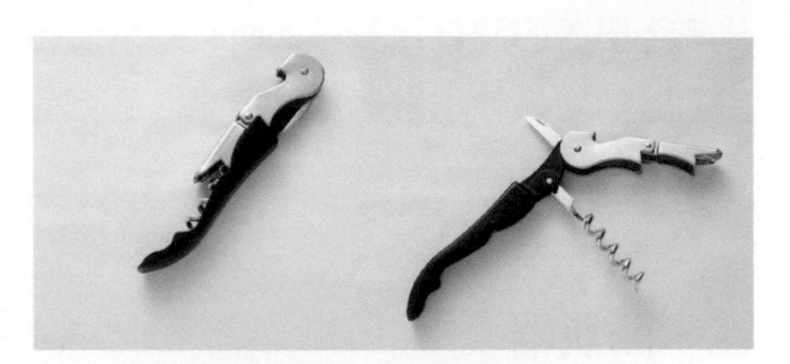

圖 2-6　兩段式侍酒刀，左－收起，右－展開

（三）槓桿式開瓶器

槓桿式開瓶器（Final Touch Lightning Lever Corkscrew）因雙臂造型，又被稱爲蝶型開瓶器（Wing Style Wine Bottle Corkscrew），只要把螺旋鑽子轉入瓶塞，壓下兩邊手把，就可以拉起瓶塞，不太需要技巧，但較少專業侍酒師使用。（圖 2-7）

（四）旋轉開瓶器

旋轉開瓶器（Screwpull）特色是螺旋鑽子很長，只要一直轉，瓶塞會自動旋上來，不需要任何的技巧，也可以開啓較脆弱的瓶塞。（圖 2-8）

圖 2-7　一般超商就能買得到蝶型開瓶器

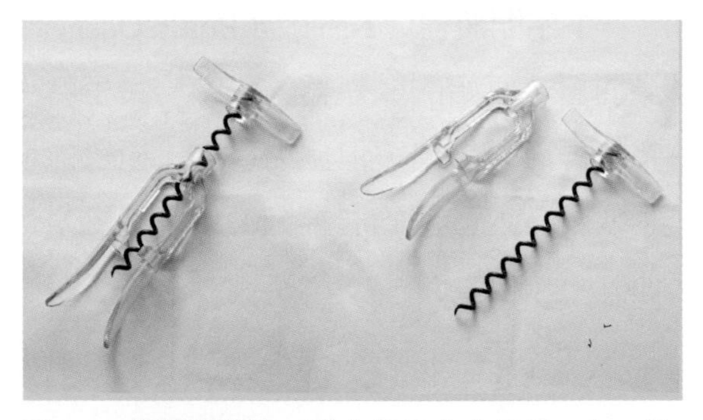

圖 2-8　旋轉開瓶器，適合業餘人士使用，左－組合，右－拆開

（五）半自動式開瓶器

半自動開瓶器（Semi-automatic Corkscrew），又稱為兔耳朵開瓶器（Rabbit Wine Corkscrew），單價較高。使用時，將兩側把手夾住葡萄酒瓶口，壓下把手，聽到「卡」一聲後，再將把手往上提，就可以輕鬆拔起軟木塞，適合需要大量葡萄酒時使用，但不適合脆弱的軟木塞。（圖 2-9）

圖 2-9　左－半自動式開瓶器；右－使用時，先壓下把手，再上提就可開瓶

（六）老酒開瓶器（Ah-So）

適合老酒的侍酒刀，利用兩片特殊鋼材夾住脆弱的軟木塞，再一邊轉一邊將軟木塞夾出來。（圖 2-10）

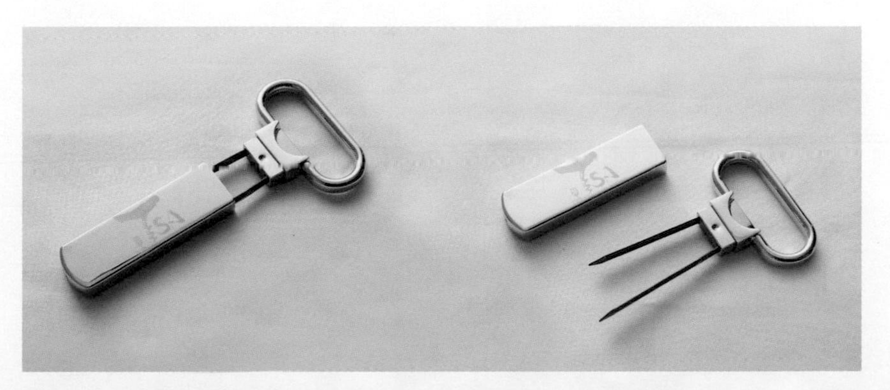

圖 2-10　老酒開瓶器，也是侍酒師常用的工具之一，左圖－組合，右圖－展開

（七）電動開瓶器

電動開瓶器（Electric Bottle Opener）的原理和旋轉開瓶器很像，差別在於電動開瓶器只需要按下開關，即可自動將螺旋鑽子鑽入瓶塞，完全不費力。

（八）氣壓式開瓶器

氣壓式開瓶器（Pneumatic Bottle Opener）沒有螺旋鑽子，取而代之是的一根打氣針，將打氣針插入瓶子，打氣進入瓶子，利用氣壓原理將瓶塞擠出。

三、酒瓶的學問

葡萄酒的酒瓶中有著許多學問，形狀各有不同，有高、有矮、有胖、有瘦、凹底（圖 2-11）、平底；顏色有棕、有綠，其實這些都是有歷史演進的。原本葡萄酒瓶是大腹的圓瓶，但隨著葡萄酒產業的興起，大腹的圓瓶不利儲藏和運輸，因此演進至今天的樣貌不同形狀的酒瓶，大部分是配合當地葡萄酒的特性進行研發，因此能透露出酒的產地等資訊。法國兩大產地波爾多和勃根地，酒瓶就有很大的不同；而新世界的葡萄酒，大部分是延用歐洲原產地的葡萄品種採用的瓶形，例如黑皮諾（Pinot Noir）就會用勃根地瓶，麗絲玲（Riesling）就會用瘦長的霍克瓶，卡本內・蘇維濃（Cabernet Sauvignon）一般多用波爾多瓶。表 2-1 介紹幾款常見葡萄酒的瓶型：

圖 2-11　酒瓶底部的凹陷

表 2-1　葡萄酒的主要瓶型

	波爾多瓶（Bordeaux Bottle）	勃根地瓶（Burgundy Bottle）	霍克瓶（Hock/Hoch Bottle）	香檳瓶（Champagne Bottle）
種類				
形狀	為了倒酒時方便去除沉澱物，瓶身設計肩部較高、底部的凹陷較深。柱狀瓶體適合需長時間窖藏的紅酒，有利於堆放和平放	勃根地的酒瓶多採用此種瓶形；勃根地紅酒沉澱物較少，因而肩部比波爾多瓶要平緩，底部的凹陷也較淺，瓶身設計較圓肚型	一般是指裝德國白酒的長瓶型，其特徵是瘦而細長，底部凹陷小，甚至為平底	香檳瓶形狀與勃根地類似，但瓶身厚，且底部凹陷深，才能抵擋住瓶內發酵後產生的氣體
顏色	深綠色或棕紅色，不甜的白酒會用淺綠色，甜白酒則是用透明酒瓶	深綠色或棕紅色	一般多為深綠或淺綠色，但是萊因河沿岸產區，有些酒廠會用琥珀色的酒瓶	一般多為綠色或深綠色，粉紅香檳則多用透明無色的酒瓶
使用產地	法國波爾多、西南區，而西班牙、義大利大部分也使用此種酒瓶	法國勃根地、隆河和羅亞爾河	德國萊因河沿岸產區和摩澤爾及法國阿爾薩斯	氣泡酒均採此種酒瓶

現在一般常見的酒瓶容量多爲 750 毫升（ml），但其實也有不同的尺寸，只是在市面上比較少見。以下是不同容量的酒瓶比較圖。（圖 2-12）

1/4瓶	1/2瓶	1瓶	2瓶	4瓶
187ml	375ml	750ml	1500ml	3000ml
split	half	standard	magnum	jeroboam
1/4bottle	1/2bottle	1bottle	2bottles	4bottles

圖 2-12　酒瓶容量大小名稱圖

四、酒杯

喝葡萄酒，跟品嘗料理是一樣的，要品嘗酒液的色、香、味，因此對葡萄酒而言，杯子不只是個容器而已，而是讓酒可以發揮其色、香、味的重要器具，如果酒杯選得不對，酒就無法突顯美味與特色。（圖 2-13）有興趣的話可以實驗一下，把同一瓶葡萄酒分別倒進一只好的酒杯和馬克杯裡，聞聞看香氣是否有差別，即可了解挑選酒杯的重要性。

圖 2-13　好的酒杯可以突顯酒的色澤和香氣

葡萄酒杯一般都是透明無色、杯身薄而平滑的鬱金香形高腳玻璃杯，可分成四個部位，由上而下分別爲杯口、杯身、杯腳、杯底。（圖 2-14）持杯時一般拿杯腳或杯底，而碰杯時主要碰杯身，千萬不可碰杯口，容易破裂。葡萄酒杯主要特徵有下列幾項：

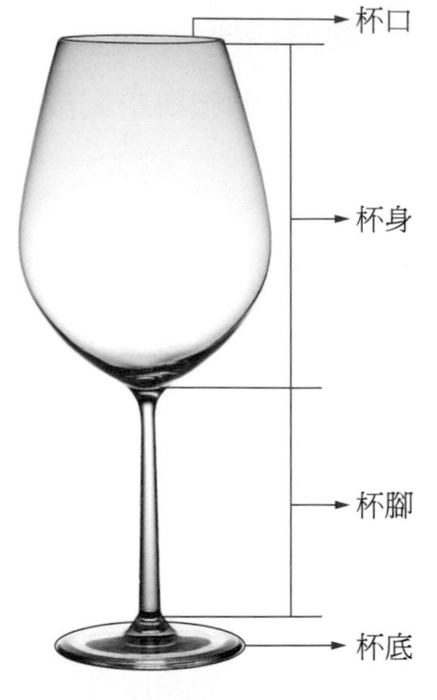

圖 2-14　酒杯分解圖

（一）透光度佳，便於觀察色澤

品酒時要觀察酒液的色澤，杯子的透光度十分重要，若杯子上有刻花或是顏色，都會影響透光度和酒液的顏色；而杯身的材質和厚薄也會影響透光度。因此，過去高檔的餐廳都是使用水晶杯，杯子可以做得很薄，透光度會更好、更均勻。（圖 2-15）

（二）腹大口小，易於凝聚香氣

葡萄酒杯腹大、杯口小，呈現鬱金香的形狀，目的在於凝聚香氣；葡萄酒需要與空氣接觸，腹大口小的造形，讓酒有足夠的空間流動，釋放香氣，且不易潑灑出來，如此一來喝酒時鼻子會先聞到香氣，香氣會影響口感，更影響品酒的樂趣。

圖 2-15　葡萄酒杯的透光度要佳

（三）便於搖杯

由於葡萄酒須與空氣接觸，所以葡萄酒杯須有足夠的空間讓酒液流動，也有利葡萄酒釋放香氣。

（四）高腳造形，避免手溫影響

葡萄酒飲用時有適飲的溫度，手溫會影響酒溫。葡萄酒杯的高腳造形，可避免讓手碰觸杯身，影響酒溫，也不會讓指紋沾在酒杯上，而影響透光。

五、酒杯的材質

酒杯的材質很多，如水晶杯透光度好、又輕薄，但材質內含氧化鉛，熔點低、抗化學性差，濕度與酸鹼度會影響鉛的釋放，長期使用對人體有影響。因此，酒杯製程須依食安檢核規範，許多酒杯廠商也因此開始生產無鉛水晶杯。一般玻璃製成的酒杯，當然無法比得上水晶杯輕薄、閃亮，但價格較為平易近人，也比較不易破裂。

近年來，酒杯製造商針對不同品種的葡萄酒開發出不同杯型，用以突顯葡萄酒的特色，但一般常用的葡萄酒杯不出下列幾種：

（一）國際標準品酒杯

簡稱 ISO 杯（International Standards Organization）。（圖 2-16）ISO 杯有標準的規格，杯腳 5 ～ 6 公分，酒杯容量 215 毫升（ml）左右，酒杯口小腹大，杯體最寬處直徑 65 公釐，杯口直徑 46 公釐，酒倒至最寬的腹部時，容量約為 50 毫升。（圖 2-17）

ISO 杯是 1974 年法國國家產地命名委員會（INAO）所設計，廣泛使用在品酒活動中，是個全能型的酒杯，不論是紅、白葡萄酒、氣泡酒、波特酒、雪利酒，甚至像是白蘭地或是威士忌等烈酒，都可以用 ISO 杯品嘗。

圖 2-16　國際標準器酒杯

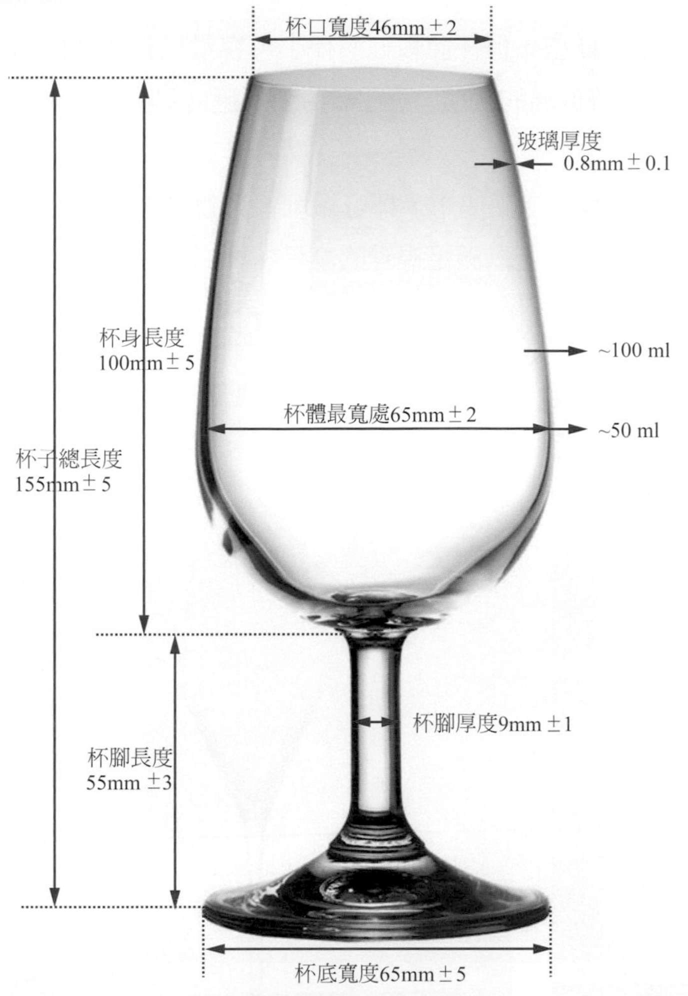

圖 2-17　ISO 杯尺寸圖

圖 2-18　波爾多杯

1. 紅酒杯（Red Wine Glass）：紅酒因為需要較多與空氣接觸的面積，因此紅酒杯的杯口會比較寬，一般還分成波爾多杯和勃根地杯。
   （1）波爾多杯（Bordeaux Glass）：波爾多紅酒一般含單寧（Tannin）與酸度（Acidity）較重，香氣較為複雜，搭配杯身較為修長的鬱金香形波爾多杯，可以使酒液較慢接觸到口腔；杯口較寬，方便聞到變化較多的酒香；尺寸較大，可避免搖酒杯時酒灑出來；大部分的紅酒都可以使用波爾多杯。（圖 2-18）
   （2）勃根地杯（Burgundy Glass）：杯腹寬大如球形，杯口較為收窄，易於凝聚香氣，適合香氣內斂、柔和的勃根地紅酒。（圖 2-19）

圖 2-19　勃根地杯

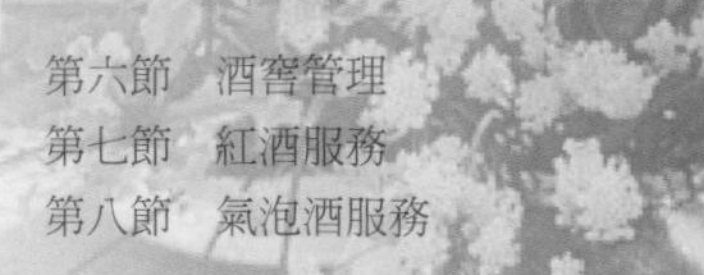

2. 白酒杯（White Wine Glass）：杯身呈 U 型，但杯體較紅酒杯小，容量只有紅酒杯的一半，可避免香氣太快揮發，並較易維持低溫的狀態，粉紅葡萄酒也適合以白酒杯飲用。（圖 2-20）
3. 香檳杯（Champagne Glass）：適合所有氣泡酒使用，杯身纖細，可以讓氣泡有足夠的上升空間，而長笛型香檳杯的氣泡豐富，可以滿足視覺的享受。杯口窄小，可以讓香氣更爲集中、持久。（圖 2-21）

圖 2-20　白酒杯

圖 2-21　香檳杯

六、醒酒器

侍酒師在服務時常需要爲葡萄酒換瓶，就是把葡萄酒從原來的瓶子倒至醒酒器（Decanter）中，過程中可以讓酒體因接觸空氣而快速醒酒，同時去除酒中的沉澱物。古代的葡萄酒是裝在酒桶裡，因此就把葡萄酒從酒桶倒入一個雙耳壺中，由侍者把酒送到貴族的桌上，並非像現在以玻璃瓶盛裝。

早期醒酒器有陶製、銅製，甚至是銀製，到了文藝復興時期才出現彩色玻璃製的醒酒器，此後玻璃成了醒酒器的主要材質。

醒酒器的設計大半都是下半身穩重寬厚，瓶頸細長；寬厚的下半身可增加葡萄酒和空氣接觸的面積。數百年來，醒酒器的形狀沒有太大的改變，但隨著玻璃工藝的進步和製造技術的提升，出現各式各樣的醒酒器，讓酒客可以透過剔透的水晶玻璃，看到酒液的流動，再加上時尚感的設計，造形千變萬化，讓醒酒器也成了非常吸睛的擺飾品。

醒酒器依功能還可分爲：一般醒酒器（圖 2-22）、老酒醒酒器（圖 2-23）、白酒醒酒器（圖 2-24）。通常年輕的白酒很少需要醒酒，但某些陳年厚實的白酒，則須以醒酒器過瓶，去除沉澱物並達到醒酒的作用。

圖 2-22　一般醒酒器多半爲上窄下寬的造型

圖 2-23　老酒醒酒器

圖 2-24　白酒醒酒器

一般最常見的醒酒器都是上窄下寬的造型，曲線流暢，近年來瓶子的下半身愈來愈扁平寬大，最寬處甚至直徑超過 20 公分，目的無他，就是爲了加大酒液與空氣接觸的面積，增加醒酒的速度，讓香氣發散。

圖 2-25　過濾器

另外一種造形的醒酒器，瓶口開在側上方，像是橫倚在桌上的感覺。有的造形像是實驗室試瓶的變形，瓶身是兩個三角形組合而成，感覺像是個不對稱的菱形；有的則是像個斜放的酒瓶，甚至附有把手，方便注酒。這樣的造形也是要讓酒液與空氣接觸的面積大，且雜質可以經由過濾器（圖 2-25）的篩網而濾過，倒酒時也不易因搖晃而被倒入酒杯中。

隨著科技進步，出現了電子醒酒器與快速醒酒器，利用氣壓原理或是空氣力學原理，將空氣打進酒中，讓酒快速與空氣接觸反應，但多爲業餘紅酒愛好人士使用，較少引進餐廳。

七、器具的清潔與管理

雖然杯具、醒酒器等器具在餐廳裡應不是侍酒師負責，但畢竟器具是侍酒師的重要配備，因此侍酒師仍應注意其清潔與儲存，服務時才不會因爲器具出問題，而無法爲客人提供服務。

1. 侍酒刀：應隨身放在口袋中，使用完畢後，應清除殘留在上面的鋁箔或軟木塞屑。
2. 酒杯：除了清潔外，檢查透光度也非常重要，因此擦拭上須特別注意，避免使用紗布和紙巾，以面留下殘屑，應用棉布擦拭，儘量避免徒手抓杯子，應兩手隔著布巾持拿酒杯，以免留下指紋和印記。

第二節　侍酒師的儀態

一、服裝儀態

侍酒師的服裝，依餐廳的規定或特色而有不同，但比起服務生，較為正式，一般多會穿著外套，在衣領上別上識別的胸章，有些正式的餐廳，侍酒師著伊頓短外衣（Eton Jacket），還要圍上圍裙，並戴上領結；有些比較休閒的餐廳裡則是以西裝背心代替外套。無論是穿著什麼樣的服裝，侍酒師的儀容都須整齊清潔，與所有的餐飲從業人員相同，注意飲食安全衛生。頭髮須梳理妥當，以免影響侍酒的服務。（圖 2-26）

侍酒的儀態也很重要，要面帶微笑，動作輕巧俐落、從容不迫，進行端盤、擺杯等服務時，腰要儘量挺直，保持優雅的儀態。

圖 2-26　侍酒師的服裝儀容需整齊端正

二、認識酒標

葡萄酒裝瓶上市時會貼上酒標，不同的葡萄酒生產國，對酒標上載明哪一些訊息的規定也不同，但基本上一定會有產地產區、年分、酒莊或村莊名稱、酒精度及容量等資訊。此外美國、澳洲等新世界國家，多半會標出釀造的葡萄品種；歐洲的舊世界葡萄酒則很少直接標出釀造的葡萄品種，而酒標上的年分，指的是葡萄收成的年分。以下是兩個新世界與舊世界的酒標，放在一起比較，就很容易看出其中的不同，會看酒標，可說是認識葡萄酒重要的基礎之一。

範例一　波爾多 CHATEAU PONTET-CANET 酒標

圖 2-27　波爾多 CHATEAU PONTET-CANET 酒標

範例二　美國加州 ROBERT MONDAVI WINERY 酒標

圖 2-28　美國加州 ROBERT MONDAVI WINERY 酒標

三、表達與解說

侍酒師非常重要的工作就是推薦與解說葡萄酒等飲料，因此口語表達非常重要，態度要落落大方，講話音量要夠大、咬字清楚，目光需要環視所有的客人，而非只對主客一人，並懂得察言觀色，從客人的表情觀察出自己的解說是否足夠，進而與客人建立良好的互動。

爲客人送上酒時，首先要先念出酒名，並一一介紹酒的資訊，但是否要進一步講解，可以視客人的反應而定，避免一味像背書一樣，把自己的知識一股腦的說給客人聽。

酒的相關資訊有：

1. 釀製的葡萄品種：若是多種葡萄釀製，最好也能知道種類與比例。
2. 酒莊
3. 產區
4. 國別
5. 年分

以下以美國納帕河谷（NAPA VALLEY）的 CAYMUS VINEYARDS 紅酒爲例（圖 2-29），說明如下。

1. 釀製的葡萄品種：100％卡本內蘇維濃（Carbernet Sauvignon）
2. 酒莊：CAYMUS VINEYARDS
3. 產區：NAPA VALLEY
4. 國別或產地：美國加州
5. 年分：1995

而在請主客試酒時，可以進一步解說酒的特色，爲客人倒完酒之後，微笑祝客人用餐愉快。在這裡要注意的是，客人形形色色，點的酒款也千變萬化，可能會有各種不同的臨時狀況，例如酒的味道不對、酒溫不對等，這時需要有臨機應變的能力，彈性的處理能力，不是只照表操課，照本宣科。當然服務過程客人依然至上，以讓客人滿意爲最高的原則。

圖 2-29　CAYMAUS VINEYARDS 酒標

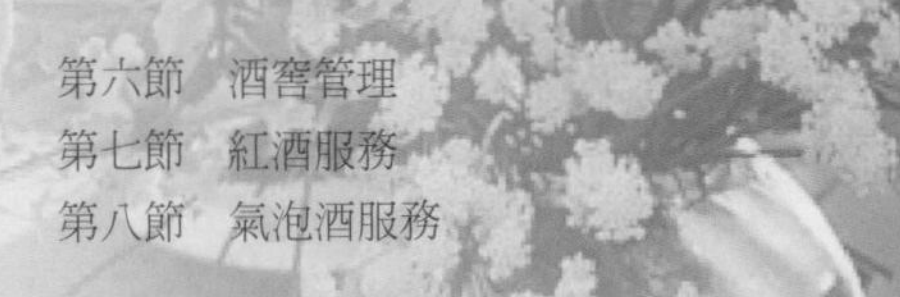

第三節　侍酒準備

一、備妥侍酒器具

侍酒用具中，除了侍酒刀或開瓶器、打火機，應隨身放在口袋裡，依餐廳和場合不同，會設置備品桌或儲放侍酒相關器具的服務桌，至少要有下列物品：（圖 2-30）

圖 2-30　侍酒師比賽時所預備的備品桌

1. 杯具：各式葡萄酒杯、水杯和試酒杯。（須與客人不同杯型）
2. 服務巾：可供擦拭，或摺起當酒瓶的墊布，以免沾汙桌巾。
3. 餐巾紙：用來擦拭瓶口和墊在放軟木塞的小碟子上。
4. 小碟子：放置軟木塞使用。
5. 試酒杯：侍酒師品酒使用。
6. 換瓶用品：醒酒器、蠟燭與燭台。
7. 冰桶：若客人點用氣泡酒或白酒，須放置冰桶內保冷。
8. 托盤：端取侍酒服務的各種器皿、用具。

二、挑選正確的杯具

前面已經提到各種不同的杯型，侍酒師須依客人所點的酒款，來挑選適合的酒杯。

三、檢查杯具與醒酒器

杯具在拿到客人面前時，須先檢查是否無破損、乾淨、無汙點、無異味。

先觀察是否有破損，再看杯口是否殘留未洗淨的口紅印或唇印，再觀察杯身，是否留有水漬印記，同時聞聞看是否有異味，若有異味和印記，都應挑出不用。（圖 2-31）

圖 2-31　侍酒師服務前須一一檢查杯具是否清潔

四、服務動線

原則上都站在客人的右側略偏後側，爲客人擺放酒杯時、遞送軟木塞給主客、請客人試酒時，一律走順時鐘方向，不可走過再折回。擺放酒杯和斟酒時，都必須先服務女性客人，再爲男性客人服務，也是以順時鐘方向，不可折回。

五、擺杯

一般酒杯都是擺在客人的水杯上方，除了香檳杯之外，持杯時應以大姆指和食指抓住杯腳，水杯與酒杯杯腳的距離約是手掌虎口的寬度。

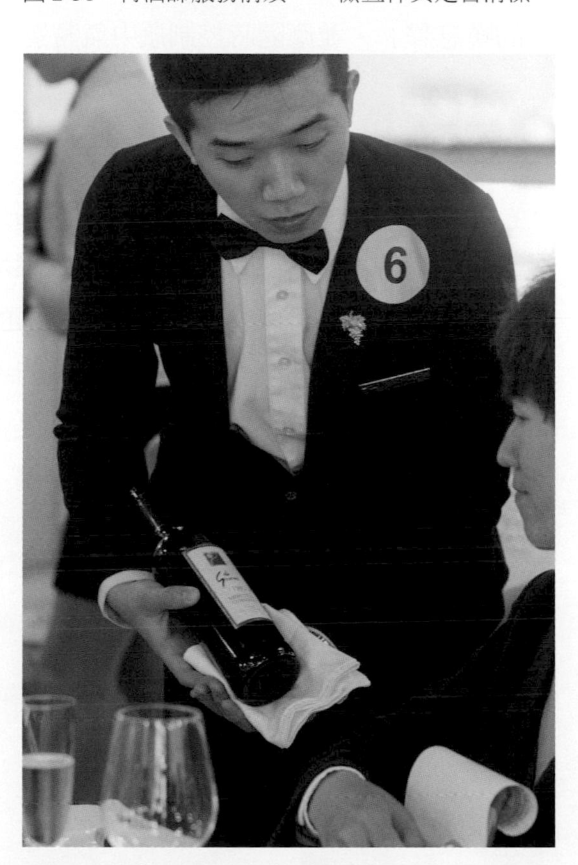

圖 2-32　開酒前須先拿到桌邊請主客確認

第四節　侍酒服務注意事項

一、點酒確認

開酒前應以服務巾略擦拭瓶身，並將服務巾墊在酒瓶後側和瓶底，露出酒的正面，拿到桌邊請主客確認並介紹酒款基本資料，介紹結束後將酒拿回服務桌，無論開瓶前、換瓶後，只要酒瓶在服務桌上時，都不可直接放在桌上，下面須墊服務巾，且酒標須面對客人。（圖 2-32）

紅酒服務時，應先準備好服務桌，再到酒窖取酒；準備香檳及白酒時，則是先準備好冰桶並先取酒冰鎮，以維持酒溫，再準備侍酒時所需要的物品。

二、開瓶

開酒時，瓶底不能離開桌面，螺旋鑽子也不能刺穿軟木塞。取下軟木塞確認味道和試酒時，都須側身對客人。擦拭瓶口的餐巾紙、取下的鋁箔封籤，都應放入衣服口袋中，不可以放在桌面。

許多客人有收集軟木塞的嗜好，所以在收軟木塞時，須經客人同意。開啓氣泡酒時，應轉動瓶身而不是轉動瓶塞，且不可以發出太大聲音，而是緩緩釋放氣體，一般稱爲「少女的嘆息聲」，並應隨時控制瓶中氣體暴衝的狀況。

三、換瓶

紅酒換瓶須透過蠟燭的燭光，若使用火柴點燃蠟燭，點火和熄火時都必須轉身，避免火柴熄滅的煙擴散到室內，影響用餐環境；火柴和打火機等用畢都應收入口袋；熄滅燭火時，也應轉身。換瓶時，握住醒酒器的瓶頸或底部均可，並平緩穩定的將酒倒入醒酒器，避免將酒濺出；酒瓶與醒酒器瓶口不能碰撞，醒酒時須將瓶肩處放置在與眼睛、燭火中心點成一直線處，以便觀察瓶底是否有殘渣，若發現有沉澱物時，不可再繼續倒酒。醒酒瓶不能直接放在桌上，下面須墊上服務巾。白酒一般不須要換瓶，若須醒酒，動作與紅酒一般，但不須蠟燭燭光檢查沈澱物的程序。

四、保冷

白酒和氣泡酒須用冰桶保冷，冰桶內放入冰塊和水，浸至酒瓶瓶頸處，約七分滿爲宜，冰桶上側蓋上服務巾，方便酒瓶取出時，以服務巾擦拭瓶身，避免水漬滴濺；倒完酒後，酒瓶應放回冰桶，再蓋上服務巾。

五、斟酒（口訣：倒、停、轉、收）

倒酒時不可將酒滴出杯外，倒完酒，瓶口微微向上仰起，輕輕轉動，就可以避免酒液滴出。倒酒時，瓶口不得碰觸杯口，兩者距離約 3 ～ 5 公分，並專注於酒液注入杯口的狀況，不可將酒杯拿起來倒酒，並使每個酒杯注入的酒液高度一致，紅白酒注入的酒量約至杯子的 1/3 處，氣泡酒則至杯子 1/2 處，每次倒完酒一定要擦拭醒酒器瓶口或是酒瓶瓶口外側，以避免酒液滴在桌面上。（圖 2-33）

每位客人飲酒的速度不同，這時侍酒師要發揮眼觀四面的功力，隨時注意客人酒杯還有多少酒，約剩 15 ～ 30cc 左右的量時，就可以上前詢問客人是否再添酒。

圖 2-33　斟酒時，酒瓶或醒酒器不能碰觸杯口

六、酒質有異時的處理原則

1. 開瓶後若從軟木塞或試酒時，侍酒師發現酒質有異時，先請第二位侍酒師進行確認，若確認無誤的話，可以請主客試酒；若兩位試酒師都認爲酒質有異，應先告知客人再直接換一瓶。
2. 若開瓶時侍酒師確認酒沒有問題，但主客認爲味道不對，徵詢客人同意後，請第二位侍酒師確認，若確認無誤，可請主客形容味道，或說明原因，並設法改進。例如香氣不夠、溫度太低、有異味等。香氣不夠，可以拉長醒酒時間做改善；溫度太低，可以換瓶、升溫；溫度太高，則可浸在冰水中略微降溫。
3. 若設法改進後，客人仍認爲味道不對，則直接換一瓶酒服務。

第五節　酒的適飲溫度

酒精飲品多有其適飲溫度，侍酒師的任務之一就是要讓客人在適飲的溫度下，充分品嘗酒品的美味。而溫度對葡萄酒格外重要，因爲溫度會影響酒的香氣和口感。一般而言，低溫會壓抑甜味的表現，酸度會上升，所以帶來一種清爽感，因此口味偏甜的酒，都會冰鎮在比較低的溫度下飲用，口感比較平衡；相反的，溫度高一點，會提升苦味和澀味，酸度會降低，而增加濃醇的口感。（圖 2-34）

圖 2-34　香檳的適飲溫度爲攝氏 6 ～ 10℃，多會放在冰桶裡保冷

以紅酒來說，酒的溫度太低，難以打開酒的結構，香氣被封住，酸度會提升；而溫度過高，酒精和單寧會開始揮發，酒體變得鬆散而缺乏層次。因此要能享受葡萄酒豐富的層次和香氣，必須在適合的溫度下品飲。

常有人說葡萄酒要在「室溫」下飲用，但我們要先想想這個所謂的「室溫」是指哪裡的溫度？是哪一個季節下的溫度？葡萄酒的文化是在歐洲發揚光大的，因此所謂的「室溫」，應該是指歐洲的室溫，約在 20℃上下。

臺灣，夏天炎熱，溫度常在攝氏 30℃以上，室內會開冷氣，一般都在攝氏 26 ～ 28℃間，最低不會低於 24、25℃；冬天雖然沒有歐洲冷，但因爲沒有開暖氣的習慣，室內溫度不會超過 20℃，寒流來襲時，還可能降至 15℃以下，甚至更低。因此，若在夏天冷氣房裡，開一瓶中等酒體（Medium）的紅酒，適飲的溫度在 13 ～ 15℃，考慮環境比較熱的狀況下，酒倒入酒杯時，溫度就會開始漸漸升高，因此須使酒溫稍微比適飲溫度低一點，當酒倒入客人的酒杯時，溫度就會剛剛好，而不會因爲溫度過高而影響口感和香氣。

若是冬天，開一瓶強壯酒體（Full-body）的陳年紅酒，適飲的溫度在 18℃，在寒流來襲，室內溫度低於 15℃的情況下，備酒時反而是應該提高酒的溫度，才不會因爲倒入酒杯後的溫度過低，而鎖住酒香。

要如何在短時間內提高紅酒的溫度呢？侍酒師開了酒試過之後，如果覺得溫度太低，可以先告知客人要替紅酒提高溫度，並徵得客人的同意；若客人想要先試試看，可以先給客人試酒，客人同意升溫後，就應準備一個有深度的桶子，加入20～30℃左右的溫水，再將已倒入紅酒的醒酒器浸到溫水中，約 10 ～ 15 分鐘，再試一下酒的風味。

下列是常見酒精飲料的服務溫度表：（表 2-2）

表 2-2　常見酒精飲料服務溫度表

溫度 （單位：攝氏℃）	種類	範例
6～8	礦泉水（Mineral Water）	—
	甜白酒（Desser Wine）	冰酒（Ice Wine）、 貴腐酒（Trockenbeernauslese, TBA）
	不甜的雪利酒（Dry Sherry） 不甜的馬德拉酒（SecoMadeira）	—
6～10	香檳（Champagne） 氣泡酒（Sparkling Wine）	—
7～10	淡白酒（Dry or Light Body White Wine）	麗絲玲（Riesling）、灰皮諾（Pinor Gris）、 白蘇維濃（Sauvignon Blanc）
	玫瑰紅酒（Rose Wine）	—
6～11	生啤酒（Draft Beer） 瓶裝淡啤酒（Larqer beer）	—
9～13	濃郁的白酒（Full Body White Wine）	木桶陳年的夏多內（Chardonnay）
	淡紅酒（Light Body Wine）	薄酒萊新酒（Beaujolais Nouveau）
12～14	黑啤酒（Dark Beer）	—
12～16	茶色波特酒（Tawny Port） 甜雪利酒（Cream or Dulce Sheery）	—
13～15	中等酒體的紅酒 （Medium Body Red Wine）	義大利奇揚地紅酒（Chianti） 勃根地紅酒（Pinot Noir）
15～18	強壯酒體的陳年紅酒 （Heavy Body Wine）	波爾多紅酒（Cabernet Sauvignon） 隆河紅酒（Syrah）
	蒸餾酒等烈酒 （Liquors or Distilled Wine）	威士忌（Whisky） 白蘭地（Brandy）
18～20	甜的馬德拉酒（Doce Madeira） 年分波特酒（Vintage Port）	—

資料來源：CMS

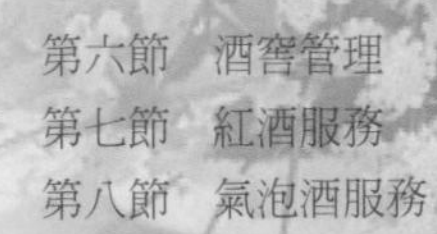

第六節　酒窖管理

法國波爾多產區的釀酒師認爲，理想的葡萄酒儲存環境，是「從地表往下走，通往酒窖的階梯愈多，葡萄酒的品質就會愈好。」葡萄酒是有生命的，裝瓶後還會繼續成長醇化，每一款酒熟成的程度和熟成後表現的風味也不一樣，因此葡萄酒會因爲時間的長短，而呈現豐富而多變的面貌。

不是所有的葡萄酒裝瓶上市後就能立即飲用，但也有些葡萄酒不太經得起時間考驗，愈年輕愈好喝；有些酒則是愈陳年愈美味。例如薄酒萊新酒，只能維持數月的時間；有些加烈酒，如雪利酒和波特酒，則是經過數十年，還是保有美味。

要讓酒保持最好的狀態，最關鍵的因素就是儲存，要有適當的保存環境，才能讓酒愈陳愈香。（圖 2-35）而對餐飲業者而言，酒是資產的一部分，良好的保存狀態，才能隨時提供給顧客品質優良的葡萄酒，對餐廳的營運和管理都加分不少，而管理酒的儲存，也是侍酒師重要的工作之一，以下列舉幾項注意要點：

圖 2-35　儲存葡萄酒須要恆溫，通風良好，避免光害

一、恆溫保存

常說「葡萄酒是有生命的」，主要是因爲葡萄酒中添加酵母活菌，當溫度過高時，會刺激酵母活化，酒就會過度發酵。因此，要長期保存酒，讓酒維持在一定的狀態，就要避免酵母的活化，溫度控制是非常重要的，長期暴露在高溫下容易變質，15～16℃是較理想的長期儲存溫度。

二、理想狀況的濕度

葡萄酒大多是用軟木塞封瓶，軟木塞有適當的密度，可阻絕空氣穿透，但須在適當的濕度下，以利軟木塞的效能展現。因此，儲酒的場所不能過於乾燥，濕度70％是較佳的環境。一般也會利用傾斜酒瓶45度，讓酒液可以接觸到瓶塞，使軟木塞保持濕潤，當然酒液並不會因此滲透或逆流！

三、避免光害

葡萄酒的酵母是有活性的，而單寧須長時間的儲存使質地柔化。一般紅葡萄酒若長期暴露在強光下，會提早老化或變質，顏色也會變淡，而白酒則會變深。因此，葡萄酒瓶大多設計成深色且不透光，目的是避免光線的刺激，而儲酒的場所也必須避免強光，最好選擇陰暗的環境。

四、通風良好

軟木塞長時間與濕氣接觸，會產生三氯苯甲醚（TCA）的化學物質，與葡萄酒接觸後就會有類似紙板潮濕的味道，也就是所謂的「木塞味」，雖不致於對身體有害，但異味會蓋過葡萄酒本身的香味。因此，儲存酒的環境須通風良好，也可以避免因濕氣太重，導致酒標和軟木塞發霉而損壞，並可減少黴菌的孳生。

五、避免蟲害

葡萄酒儲存不只注重酒瓶內的酒汁，外表也要兼顧，尤其是具有陳年價値的酒，會隨著時間更具增值潛力。葡萄酒瓶的完整性，是市場銷售的重要指標之一，尤其是能提供完整的標籤說明與標示，才能有效代表酒的身分，因此貯放時要避免標籤的損毀。軟木塞也容易引來昆蟲啃咬，因此爲了保有標籤和軟木塞的完整，葡萄酒的儲存場所應避免有昆蟲出沒，以防蟲害。

六、靜置避免晃動

陳釀中的葡萄酒就像是沈睡在溫柔夢鄉中，若老是有人吵它，自然就會影響陳年的品質。而且葡萄酒晃動會改變其物理和化學特徵，使酒提早老化或變質，因此藏酒時應該有系統的編碼和管理，才不會在找酒時要到處亂翻，搖晃打擾到靜置的酒。

七、烈酒和雪利酒須直立儲存

葡萄酒的酒精度較低，適當與軟木塞接觸，可以保持軟木塞的彈性。但高酒精性的飲料，如葡萄加烈酒、雪利酒、馬德拉酒、波特酒等，酒精度約 18 ～ 20 度，或酒精濃度更高的蒸餾酒，如白蘭地、伏特加等烈酒，因酒精會侵蝕軟木塞，而起化學變化，產生異味，此類酒款應避免酒液與軟木塞接觸，採直立儲存。但葡萄酒瓶若直立在空氣中，數周後軟木塞就會變乾、硬化，甚至縮小，空氣就容易滲入，而使成葡萄酒過度氧化產生衰壞現象。

第七節　紅酒服務

（一）點酒與準備

1. 站在客人右後側一步處推薦酒品，客人點酒後，複誦酒單以確認

2. 取一條服務巾，舖在托盤上

3. 將服務巾壓平

4. 擺上兩個疊放的小碟子

5. 在小碟子上擺上一疊餐巾紙

6. 取 2 ～ 3 條服務巾，折成長條狀擺在托盤上

7. 取一支醒酒器，仔細檢查清潔度後，擺上托盤

8. 取一個試酒杯，仔細檢查清潔度後，擺上托盤

9. 擺上一組蠟燭與燭台，打火機、開瓶器放在口袋中

10. 檢查備品是否有所缺漏

11. 端起托盤移動到服務桌

（二）設置服務桌

1. 在右上角放上面有餐巾紙的小碟子

2. 旁邊擺上另一個小碟子

3. 小碟子旁擺上蠟燭與燭台

4. 在桌子的左下角擺上醒酒器

5. 將試酒杯放在醒酒器的前面

6. 將服務巾擺在桌子右下角

7. 將服務巾壓平

（三）選杯與擺杯

1. 到備品桌挑選適合紅酒杯，檢查杯身清潔度

2. 檢查杯口是否留有口印

3. 聞一聞是否有異味

4. 有汙漬、異味的杯子，先擺至備品桌角落

5. 將杯子擺上托盤，送到餐桌

6. 先爲女士服務，從右方擺杯，動線以順時鐘方向進行

7. 將酒杯擺放在客人的水杯上方，距離約爲大拇指可碰到水杯杯腳爲宜

8. 主客最後服務

9. 至酒窖取酒，並至主客右後側一步，介紹所點酒款，並告知將開瓶

（四）開瓶

1. 酒直立在服務桌上，下方墊上服務巾，酒標應面向客人

2. 從口袋取出侍酒刀

3. 打開侍酒刀上的小刀

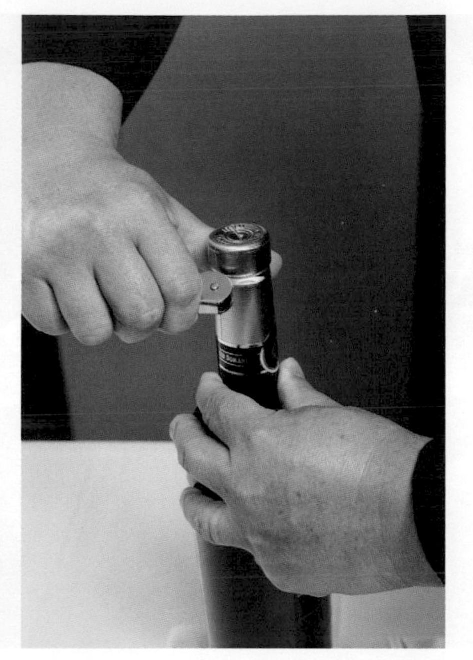

4. 沿瓶口下緣約 8 點鐘方向至 4 點鐘方向劃一刀，割開鋁箔封籤

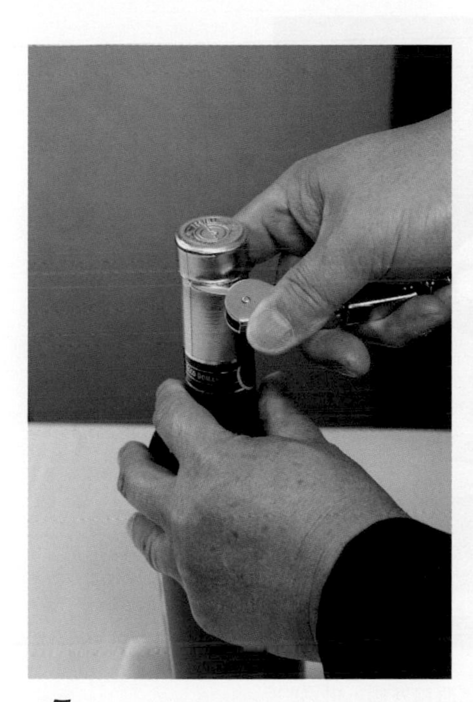

5. 再反向約 9 點鐘方向向後至 3 點鐘方向再劃一刀

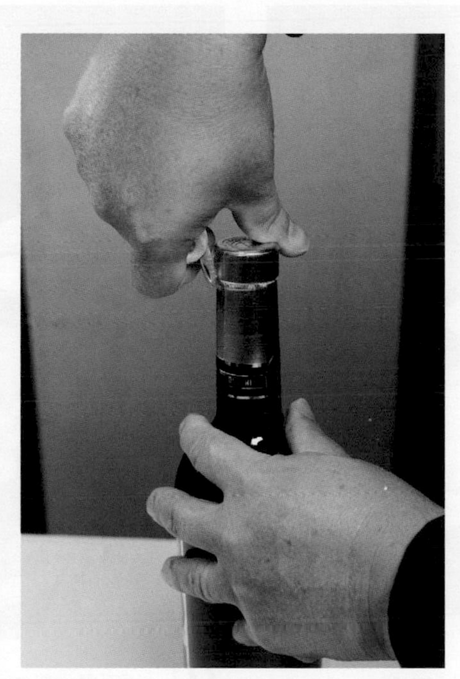

6. 第三刀向上割開鋁箔封籤

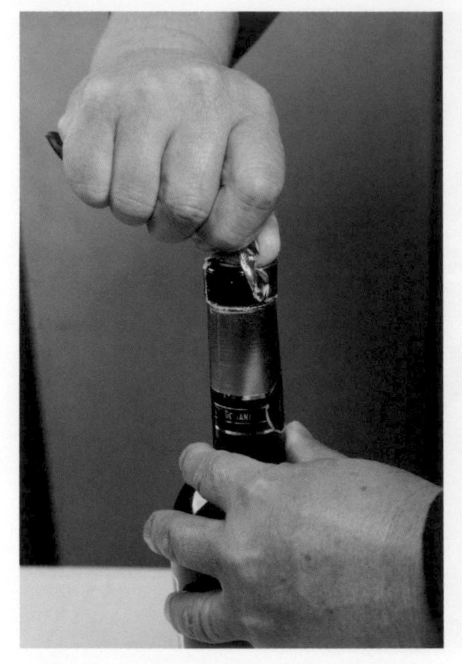

7. 取下鋁箔封籤

8. 將鋁箔封籤放入口袋

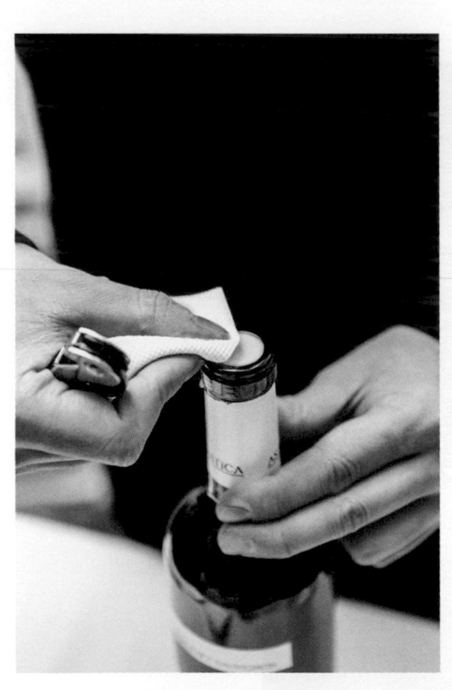

9. 先用餐巾紙擦拭瓶口內側

10. 再用餐巾紙擦拭瓶口外側，用過的餐巾紙收入口袋

11. 打開螺旋鑽子

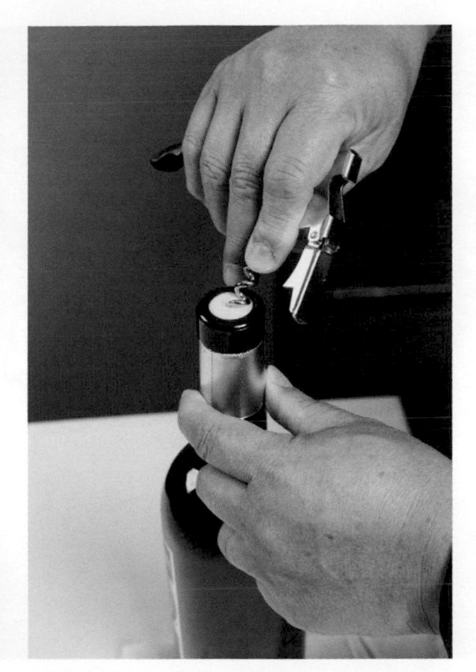

12. 右手持侍酒刀，左手穩住瓶頸，螺旋鑽子直立並對準軟木塞中心點

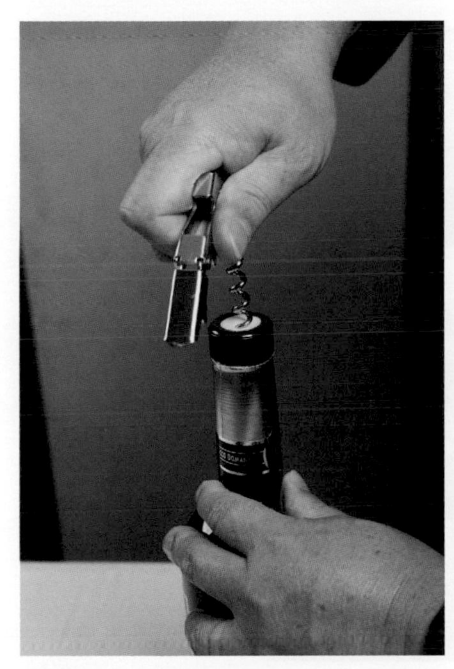

13. 用力直壓略爲旋轉固定

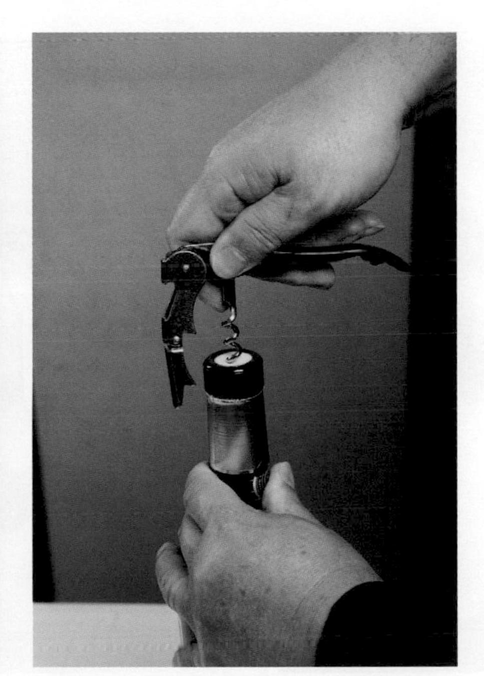

14. 右手轉動侍酒刀，不可轉動酒瓶

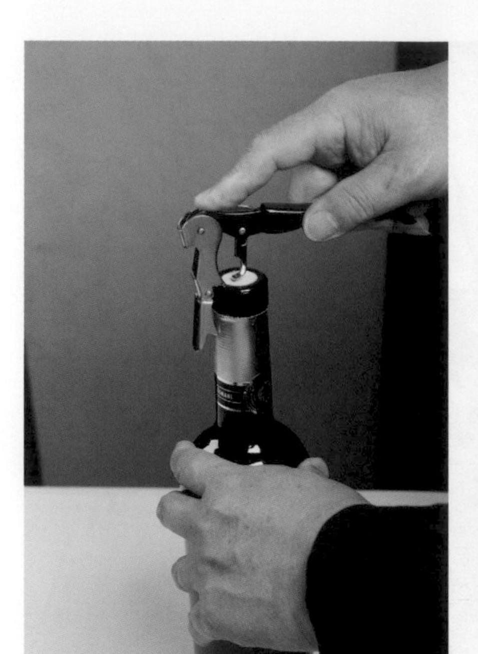

15. 折下侍酒刀的支撐架，以第二支點靠住瓶口

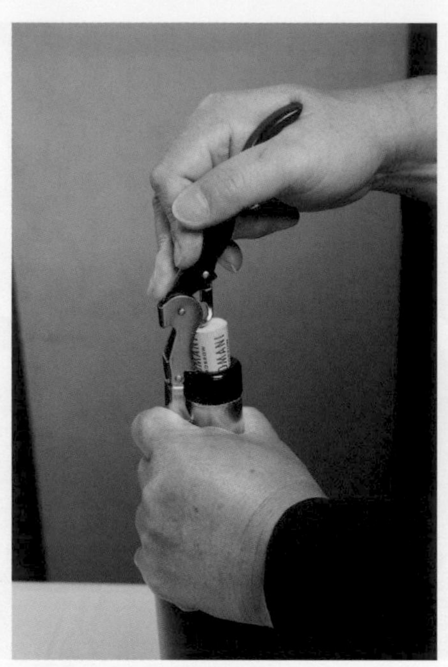

16. 直立式往上拉起軟木塞

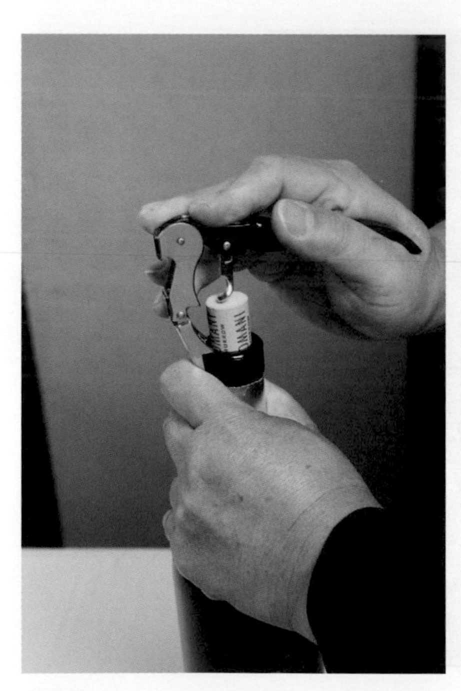

17. 軟木塞到頂時，以第一支點靠住瓶口，再往上提起軟木塞，但不可以拔出

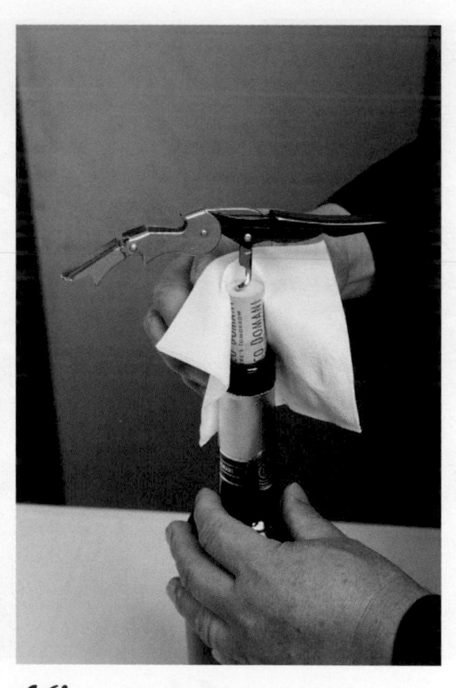

18. 右手拿餐巾紙包覆軟木塞，左手固定酒瓶，輕輕將軟木塞拔出瓶口

19. 聞一聞軟木塞是否有異味

20. 聞軟木塞時須背對客人

21. 取下軟木塞，將侍酒刀放回口袋

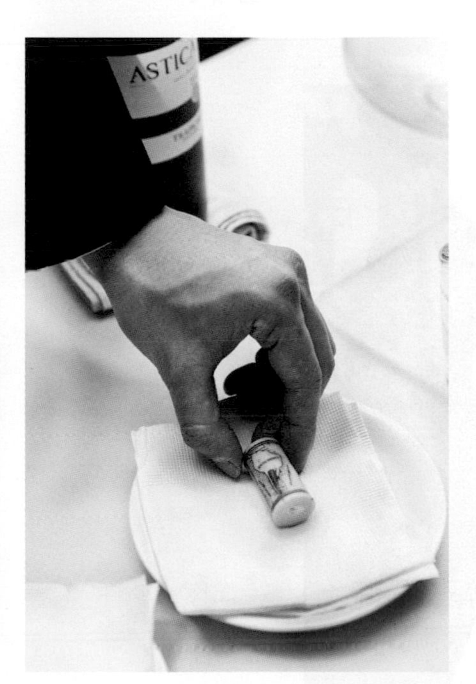

22. 軟木塞放在小碟子上

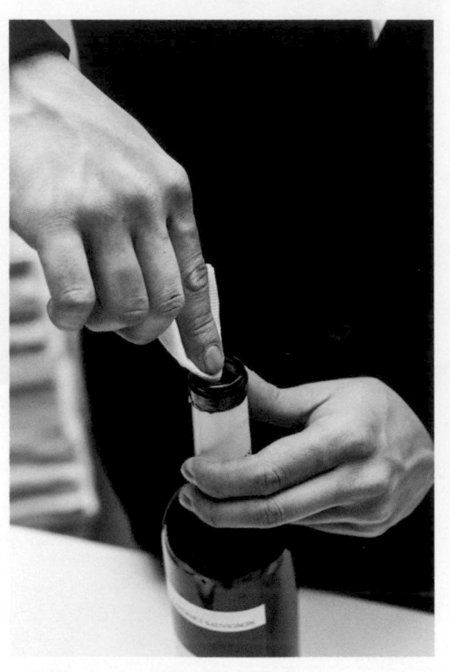

23. 用餐巾紙擦拭瓶口內側

24. 用餐巾紙擦拭瓶口外側

25. 將軟木塞小碟端至主客右前方，並詢問是否可以爲其試酒

（五）試酒與換瓶

1. 倒 10cc 左右的酒至試酒杯中

2. 高舉酒杯對光，酒杯約呈 45 度，確認酒的顏色

3. 轉身背對客人試酒，判斷酒的品質與酒溫

4. 點燃蠟燭

5. 蠟燭置於桌面中間，左手取醒酒器，右手持酒瓶，平穩的將酒倒入醒酒器中，避免濺出

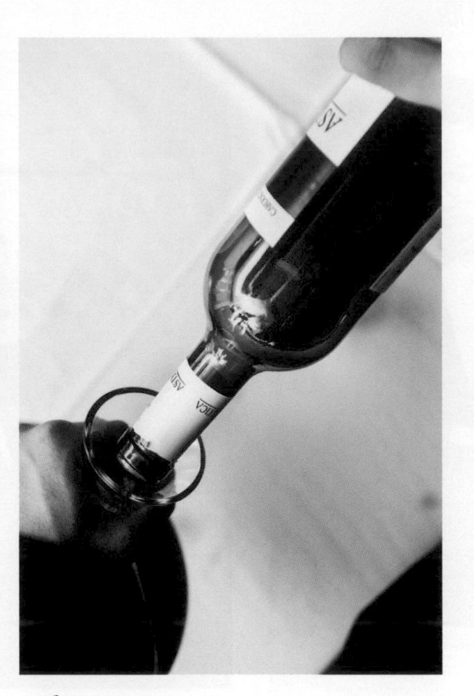

6. 酒瓶肩部在燭火正上方，確認是否有沉澱物

7. 放下醒酒器，再以服務巾擦拭酒瓶的瓶口

8. 轉身背對客人熄滅燭火

（六）倒酒

1. 左手隔著服務巾拿住醒酒器下方，至主客右側請主客試酒

2. 以右手握住醒酒器瓶頸，倒 30cc 至酒杯，瓶口離杯口約 2 公分

3. 倒完酒時，瓶口微微向上抬起，避免酒滴出，左手拿服務巾扶住瓶口收回瓶身

4. 主客試酒時，可向其他客人介紹酒的特色

5. 酒質沒問題後開始倒酒，先服務女客再服務男客

6. 主客最後服務

7. 每次倒酒都應擦拭醒酒器瓶口，要求每位客人的酒量高度一致

8. 爲每位客人倒完酒後，經主客同意後取回放軟木塞的小碟

9. 整理服務桌，桌上只留醒酒器、酒瓶與軟木塞小碟

第八節　氣泡酒的服務

（一）點酒與準備

1. 站在客人右後側一步處推薦酒品，客人點酒後複誦酒單以確認

2. 將一條服務巾折成正方型，取冰桶放入冰塊和水，約七分滿

3. 將冰桶擺在服務巾上

4. 至冰箱取氣泡酒，拿取時須小心，不可搖晃瓶身

5. 將氣泡酒放在冰桶中

6. 取一條服務巾，折成長條狀

7. 將服務巾蓋在冰桶上

8. 取一個托盤和一條服務巾

9. 以服務巾鋪在托盤上

10. 壓平服務巾

11. 放上一個小碟子，再放第二個小碟子

12. 將餐巾紙放在其中一個小碟子上

（二）選杯、設置服務桌與擺杯

1. 挑選氣泡酒杯，先檢試清潔度

2. 聞杯中是否有異味

3. 挑選試酒杯，先檢查清潔度

4. 聞杯中是否有異位

5. 將杯子放在托盤上，確認器具都完整備妥

6. 先將放著酒的冰桶端至服務桌

7. 再將托盤上的物件端至服務桌

8. 先放上小碟子

9. 放上試酒杯

10. 將氣泡酒杯擺至餐桌上

11. 酒杯放在客人的水杯上方

12. 服務順序為女客優先，男客後上，最後為主客

（三）開瓶

1. 回服務桌取酒，左手握至瓶頸將酒取出冰桶，右手拿蓋在冰桶上的服務巾擦拭瓶身

2. 將服務巾對折，墊在瓶身下後側，酒標向外

3. 至主客右後側一步，問安後介紹所點酒款，告知將進行開瓶服務

4. 將酒直立在服務桌上，下方墊上服務巾，酒標面向客人，取出侍酒刀，打開侍酒刀上的小刀

5. 先沿瓶口下緣約 8 點鐘方向至 4 點鐘方向劃一刀，割開鋁箔封籤

6. 再反向約 9 點鐘方向向後至 3 點鐘方向再劃一刀

7. 第三刀向上割開鋁箔封籤

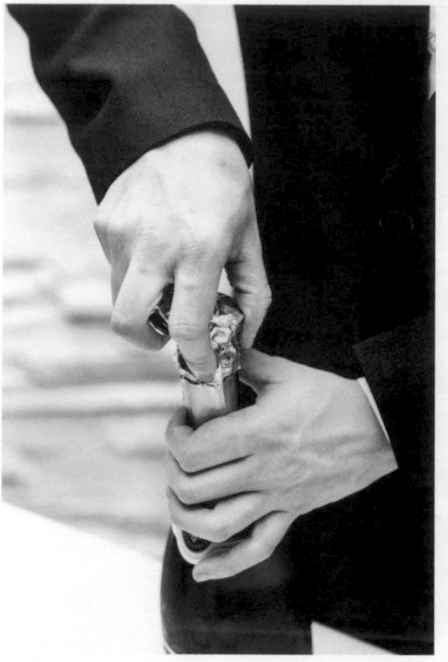

8. 取下鋁箔封籤

9. 將鋁箔封籤放入口袋

10. 先用左手拇指緊壓住軟木塞，右手扭開鐵絲帽

11. 左手拇指壓緊軟木塞，四指緊握瓶頸，輕輕提起瓶身，右手握住瓶底緩緩轉動

12. 左手拇指微微鬆動軟木塞，但需有一定力道穩住，讓軟木塞慢慢彈出，氣體會緩慢釋出，發出如蛇信般的嘶嘶聲，不可發出太大聲響

13. 取出軟木塞確認狀況，側身聞一聞是否有異味，確認後，將帽片及軟木塞放在小碟子上，並將酒放回服務桌上

14. 以餐巾紙擦拭瓶口內外側

15. 將軟木塞小碟端至主客右前方，並詢問是否可以為其試酒

（四）試酒與倒酒

1. 倒 10 ～ 20cc 的酒至試酒杯中

2. 側身確認酒的顏色，轉身背對客人試酒，判斷酒質與酒溫

3. 左手隔著服務巾，將酒端至主客右側，請其試酒

4. 以右手握住瓶底，瓶口離杯口約 3 ～ 5 公分，倒 20cc 至酒杯

5. 倒完酒時，瓶口微微向上仰起，輕輕轉動瓶身，以免酒液滴出，左手拿服務巾扶住瓶口收回瓶身

6. 主客試酒時，酒標面向客人，介紹酒的特色

7. 酒質沒問題後開始倒酒，先服務女客，再服務男客

8. 酒倒至杯子 1/2 處，每位客人的酒高度一致，每次倒酒都應擦拭瓶口外側

9. 倒酒完畢後，祝客人用餐愉快，收回軟木塞小碟

10. 將酒放回冰桶，蓋上服務巾

11. 整理服務桌，桌上只留酒冰桶、及服務巾

第三章 葡萄酒的世界

第一節　葡萄酒的歷史

葡萄酒可說是世上最早的酒，起源並沒有詳細的記載，但葡萄酒的歷史演進與人類農業及西方文明有非常緊密的連結。一般認爲，遠古的時候，野生的葡萄從樹上掉落破碎，自然產生發酵；也有一說是因爲人類採摘葡萄時，葡萄堆積破裂，與皮上的天然酵母產生發酵作用，人類嚐了以後，開始設法製作，因而結下不解之緣，但無論如何，葡萄酒是人類的一項重大發現。

而考古證據顯示，大約在西元前 6000 年左右或更早就有葡萄酒歷史軌跡，在中亞的美索不達米亞平原，就有大片葡萄園的種植，經過人類的遷徙，葡萄酒文化向西到了埃及，因此大片的葡萄園和釀造葡萄酒過程的景象，出現在埃及的壁畫上。（圖 3-1）

圖 3-1　古埃描述葡萄園及釀造酒的壁畫

約西元前 2000 年左右，葡萄的種植範圍再度往西擴展，移到了衆神之國－希臘，葡萄酒就成爲希臘文化中非常重要的一環，因而創造了酒神之名「Dionysus」，頂著希臘衆神勢力的光環，及海外殖民地的建立，葡萄酒文化迅速的向地中海沿岸國家擴散而來到了羅馬，在羅馬也創造出自己的酒神文化，羅馬的酒神名爲「Bacchus」。（圖 3-2）

圖 3-2　羅馬酒神 Bacchus

隨著羅馬帝國勢力的擴張，葡萄酒的種植更深入到中歐各地，一直向西到了法國，葡萄酒也成爲羅馬軍隊排遣鄉愁最好的麻醉藥，因此葡萄也被大面積的種植，終使得葡萄酒被推廣開來。

在西元 5 世紀左右，羅馬帝國的滅亡，葡萄酒的發展便轉到了教會勢力下，在基督教裡，葡萄酒被視爲「基督的聖血」，可見其重要性。15 世紀左右，基督教會勢力日趨擴大，許多基督教徒開始擁有自己的葡萄園，在各地教會龐大的勢力和財富之下，因應儀式的需要，葡萄酒的生產也成了教會或修道院的重要工作之一。

當時教會和修道院的葡萄酒釀造仍相當簡易，存放也以木桶爲主，保存性不佳、運輸不方便等，大多產地自製自銷爲主，但也由於教會人才的投入，提升了葡萄的種植與葡萄酒的釀造技術，奠定了日後葡萄酒發展的良好基礎。到了西元 18 世紀左右，隨著歐洲移民勢力的擴張，葡萄酒的文化被帶往美洲和澳洲大陸等地，再加上玻璃瓶與軟木塞的普遍使用，使得葡萄酒逐漸成爲重要的貿易商品。

到了 19 世紀，葡萄酒的發展出現了兩個事件，一是葡萄根瘤蚜蟲病，一是發現了葡萄酒發酵的原理，這兩個事件可說是奠定現代葡萄酒發展的兩個重要關鍵。

19 世紀時，往來美洲新大陸與歐洲本土的貿易相當熱絡，帶來的不只是龐大利益，更帶來一場葡萄的浩劫，一種名爲葡萄根瘤蚜蟲（phylloxera）的小蟲子（圖 3-3），也從美洲大陸飄洋過海而來，這種小蟲寄生在葡萄樹的根部，導致葡萄樹的根部產生病變，無法輸送水分和養分，造成葡萄樹營養不良而死亡。（圖 3-4）

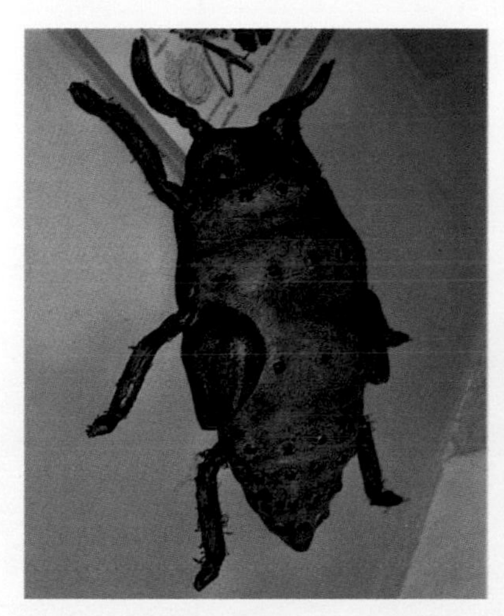

圖 3-3　根瘤蚜蟲標本

圖 3-4　受到根瘤蚜蟲病侵襲的葡萄樹根

這個小蟲子幾乎摧毀了歐洲所有的葡萄樹，是有史以來葡萄酒業所受到最大的傷害，之後的數十年間，都無法有效克制蚜蟲病，直到 1890 年代才發現這蚜蟲病並不會侵害到美國種的葡萄樹根，因此葡萄農將剩下尚未被侵害到的歐洲種葡萄樹，轉嫁接在美洲種的葡萄樹上，終使得歐洲種的葡萄酒業得以重生。沒想到也因由於這一災難，間接的帶來葡萄酒業釀造技術的提升。

1857 年，法國細菌學家巴斯德博士（Louis Pasteur）發現了酒精的發酵原理「葡萄糖經過酵母作用後，會產生二氧化碳和酒精」。這時人們才知道葡萄酒製造原理，在於酵母將葡萄糖轉化成酒精，也由於對酵母的研究、發酵原理的闡述，使得葡萄酒的釀造技術得以大幅的改進，並使葡萄酒被重新定義「凡是由新鮮葡萄壓榨成汁，經由發酵的過程，而成爲帶有酒精性的飲料，均可稱爲葡萄酒」。

葡萄樹對環境的適應力很強，因此相較於釀造葡萄酒就顯得容易許多。不過，早期葡萄酒的釀造方法仍然相當的粗糙、簡易，所以釀製的各種葡萄酒品質差異性並不大，而且當時消費者對葡萄酒品質的要求也不高。直到巴斯德博士提出了酒精發酵原理後，使得葡萄酒釀造技術除了單純可將葡萄汁轉換成葡萄酒，也促使葡萄酒質與量的變化，並能針對成分分析深入的研究，因此葡萄酒釀造技術成爲一門專業的學科。

進入 20 世紀，二次大戰後，因商業價值的需求，葡萄酒的釀造技術再提升，種植面積也有大幅度擴展，釀造品質優良的葡萄酒，已不再是件難事。雖然如此，要釀造出有特色、優質的葡萄酒，仍需取決於下列四大基本條件：

適合的地理環境：緯度、土壤
適當的溫度氣候：陽光、溫度、雨水
優良的葡萄品種
釀酒師的人文技術

本章的各節中將會一一解釋說明。

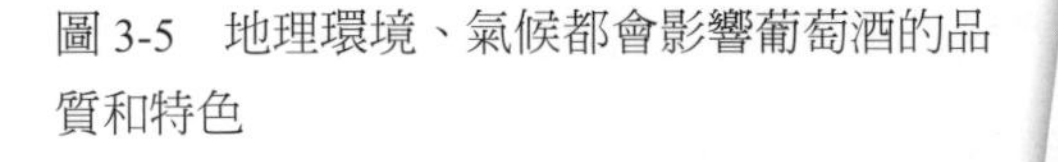

圖 3-5　地理環境、氣候都會影響葡萄酒的品質和特色

第二節　葡萄生長的風土條件

法文中有一獨特的字根「Terroir」，中文我們稱之爲「風土條件」，就是葡萄酒生長的環境和氣候，包括緯度高低、土壤的成分、溫度氣候等天然條件，都會影響葡萄的生長，決定葡萄酒的特色與品質。（圖 3-5）風土條件包括以下兩大要點：

一、適合的地理環境：緯度和土壤（產區）

（一）緯度

可釀造葡萄酒的葡萄樹，爲歐亞屬葡萄品種或歐洲葡萄品種，也就是「釀酒葡萄（Vistis Vinifera）」。主要產於中東和歐洲，約在北緯 35 ～ 55 度之間，現今歐亞屬葡萄已被大量種植在歐洲境外，甚至發展到南半球，但分布的緯度與北半球差不多，即南緯 35 ～ 55 度之間的溫帶地區。這些地區冷熱均衡，日照與降雨平衡，最適合種植釀酒葡萄。

（二）土壤

土壤對葡萄酒的產地特色及品質有非常重要的影響，一般較為貧瘠、排水性佳的深層土壤，適合釀酒葡萄的生長，因為土質的排水性佳及地下土層的礦物質的種類較多，因此葡萄樹根須深入地底數公尺深，方得吸收水分及養分，也因此提供葡萄更多的風味與特色。（圖3-6）

圖 3-6　土壤是影響葡萄酒風味和特色的重要因素

二、適當的氣候溫度（年分）

氣候是指一個地區長時間的平均天氣狀況，包括溫差、濕度、降雨量、風、日照的時數、結霜的狀態等。陽光帶來的光合作用，使得葡萄產生足夠的糖分供發酵，而日夜的高溫差，則會形成合宜的酸度；適當的降雨，則為葡萄帶來汁液。氣候會影響葡萄農選擇種植的品種，氣候涼爽、初秋有霜凍的區域，就不會選擇種植須較高溫度和較長生長周期的品種。

葡萄是農作物，要了解葡萄的生長周期，才能理解天氣在葡萄生長時的影響，並了解為何年分會有差別，因為當年的天氣影響葡萄樹的生長，自然就會影響到葡萄的產量和品質。（圖 3-7）

圖 3-7　好的葡萄酒須用樹齡 10 ～ 15 年以上的葡萄樹所生長的葡萄釀造

第三節　葡萄的生長

一般要生產釀造葡萄酒的葡萄樹，樹齡須要在 4 年以上，才能長出成熟的根部，以吸取足夠的養分，供應給葡萄果實，而一般好一點的葡萄酒須用至少 10 ～ 15 年以上的葡萄樹，甚至於 20 ～ 40 年以上，也是常見的。以下介紹葡萄樹生長的幾個關鍵階段：

一、冬眠

葡萄樹從秋季開始進入休眠狀態，直到來年的春天爲止，這時葡萄的生長集中在根部，葉子已經掉光，看來是光禿禿的，但春天一到，溫度上升到 10℃後，葡萄樹就會從沈睡中甦醒。（圖 3-8）

圖 3-8　冬天覆蓋白雪的葡萄園，葡萄樹正在冬眠

二、萌芽

春天天氣回暖後，北半球約 4 月時，葡萄樹會開始抽出嫩芽，此時果農必須先犁土，並去除雜草，讓葡萄樹順利的長葉，並讓葡萄枝蔓順利的成長。這時葡萄樹很脆弱，難以抵抗蟲害和低溫，因此最怕此時溫度驟降，影響葡萄樹的生長。（圖 3-9）

圖 3-9　正在抽芽的葡萄樹

三、枝葉生長

到了北半球的5月，葡萄樹的生長集中在樹葉部分，枝葉會逐漸茂盛繁密，透過光合作用轉換日照的能量，提供葡萄樹生長所需的養分。因此，若天氣偏冷，能量會不足，葡萄樹的生長就會不盡理想。（圖3-10）

圖3-10　枝葉茂盛的葡萄樹

四、開花

枝葉生長產生足夠的能量後，氣溫升到20℃時，葡萄樹進入開花期，大概是北半球的6月左右（圖3-11），葡萄枝蔓會長出花架，花呈白色細小狀（圖3-12），果農開始用架條支撐枝蔓、整理葡萄葉及剪除多餘的葡萄枝葉，使葡萄樹的日照效果良好，並避免浪費葡萄樹的養分，如果枝葉生長太快、日照不足、天氣寒冷，都會造成落花，影響結果。

圖3-11　葡萄樹在6月時開花

圖3-12　葡萄的花

五、結果

開花 2～3 周後，約爲北半球的 7 月時，葡萄樹的花朵變小，結成堅硬的綠色果實。（圖 3-13）這時須再度剪除過多的枝葉及葡萄幼果，以免養分被枝葉及生長不良的葡萄吸收，影響葡萄果實的生長。而爲了讓葡萄的果實能夠充分接受到陽光及避免感染疾病，會用支架撐開葡萄樹，使葡萄果實充分的接受陽光。結果期若天氣惡劣，果實容易掉落，產量就會受影響。（圖 3-14）

圖 3-13　已經開始結果的葡萄樹

圖 3-14　8 月時結果纍纍尚未成熟的葡萄

六、成熟

經過 8 月充足的陽光日照，果肉的糖分上升，果實開始成熟變色。（圖 3-15）到了 9 月初，葡萄的藤蔓會硬木質化，此時的葡萄樹最怕過多的雨水，會影響糖分輸送至果實。

圖 3-15　結實累累等待採收的葡萄

七、採收

經過8月、9月充分的陽光日照，催熟了葡萄，葡萄進入成熟期，來到了9月底、10月初，此時將可進入採收期。（圖3-16）採收的方式可分爲機器採收跟人工採收兩種，兩者的不同之處在於人工採收是一人一支剪刀，一串一串的把葡萄剪下來，而機器採收是利用跨距的採收車，將葡萄整排打下來。機器採收的好處在於快速，尤其在採收季節時，數公頃的葡萄要在一兩天內採收完，非得靠機器採收車不行！所以，機器採收方式多釀製量產型葡萄酒。而人工採收的方式，可挑選已熟成、葡萄串完整，且採收時不會受到地形的限制，因此人工採收的葡萄酒一般都是屬於中高價位。

表3-1　葡萄生長時程表

	生長階段					
	萌芽	枝葉生長	開花	結果	成熟	採收
北半球	4月	5月	6月	7月	8月	9月
南半球	9月	10月	11月	12月	1月	2月

圖3-16　農家開心拿著剛採收的葡萄

第四節　葡萄的品種

釀製葡萄酒的葡萄品種繁多，除了可以單一品種釀製外，也可多種葡萄混釀。以下是一些常見的葡萄品種介紹。

一、常見的紅葡萄品種

（一）卡本內．蘇維濃（Cabernet Sauvignon）

1. 品種特性：卡本內．蘇維濃（圖 3-17）可能是目前全世界最受歡迎、評價最高的葡萄品種之一。果實小而皮厚，釀製的酒風格強烈容易辨識，酚類物質含量高，顏色深，單寧澀味重，酒體強勁濃郁，陳年後細緻高雅，加上抗氧化的特性，因此優質的卡本內．蘇維濃具有數十年以上的陳年實力，適合釀造陳年高檔紅酒，因而有「紅葡萄之王」的稱號，在新世界多採單一品種釀造。

圖 3-17　Cabernet Sauvignon

2. 重要產地：適合種植於多日照且溫暖的地區，產區非常廣泛，遍布全世界重要的葡萄酒產區。法國波爾多的傳統品種，適應能力強，適合排水性良好的礫石；新世界產區包括美國加州產區、澳洲、南非、智利及阿根廷，也都有大規模種植的產區，品質也相當優秀。

3. 典型香氣：年輕時酒香以黑色莓果香為主，熟成後帶有複雜成熟的香味，強勁厚實又柔美細膩。代表的香氣包括：黑醋栗、黑櫻桃、李子等果香，也略帶青草、青椒、甘草及薄荷的香氣；經橡木桶熟成後，會產生烘焙香，甚至菸草、巧克力、咖啡及煙燻味；瓶裝熟成數十年以上，則會有複雜的乾果香、菇菌類與類似皮革的動物性氣味。
4. 食物搭配：因酒體強勁、厚實濃郁，特別適合燒烤的各式牛羊肉類料理，香料燉煮的肉類也非常搭配。

（二）卡本內・弗朗（Cabernet Franc）

1. 品種特性：卡本內・弗朗（圖 3-18）原產自波爾多產區，與卡本內・蘇維濃同為卡本內家族，具有類似的特性與風格，屬早熟品種，適合較冷的氣候。釀成的紅酒顏色深濃、單寧偏強勁、適合陳年，但特性表現又不及卡本內・蘇維濃，適合扮演卡本內・蘇維濃的配角。
2. 重要產地：種植地區以右岸聖愛美濃（St・Emilion）與波美侯地區（Pomerol）較多。品質優，可釀成堅實耐久的紅酒，著名的白馬堡（Château Cheval Blanc）酒莊就是以 70％的卡本內・弗朗為主角，釀造出非常優質的紅酒。羅亞爾河谷（Loire Valley）產區也大量種植，並以希儂（Chinon）和布戈憶（Bourgueil）富盛名；釀製時，通常只使用單一品種。因為是調配卡本內・蘇維濃的配角，其他產區的種植面積較小，義大利北部和東歐地區也是如此，而新世界的澳洲、美國、智利和阿根廷也都有種植，但面積也不大。

圖 3-18　Cabernet Franc

3. 典型香氣：年輕時有覆盆子或紫羅蘭的香氣及青椒的植物芳香，還有豐富的深紅色水果味，如莓果、覆盆子味，偶爾帶有草莓味，有時也會表現出礦石味或木桶香味。
4. 食物搭配：適合鴨胸、鵝肉等家禽類料理，也可以搭配燉煮的野味或豬肉料理。

（三）加美（Gamay）

1. 品種特性：加美（圖 3-19）產自法國勃根地地區南部的薄酒萊區（Beaujolais）。薄酒萊區土壤淺薄，屬花崗岩層；生產的紅酒單寧淡薄，酸度明顯，適合年輕時飲用。有些種植在火成岩的土壤，能釀造豐厚、濃郁、耐久存的紅酒，也可釀成新鮮即飲型的新酒，例如薄酒萊的地區酒。薄酒萊地區每年將剛釀成的薄酒萊新酒（Beaujolais Noureau）行銷至全球，並規定於每年的 11 月第 3 個星期四全球同步發售。
2. 重要產地：主要種植在法國勃根地薄酒萊地區，該區 98％以上的葡萄是加美。羅亞爾河谷、波雅克（Pauillac）及馬貢（Mâconnais）等地區亦大量栽種。法國之外，瑞士也有少量栽種。
3. 典型香氣：果實汁多、皮薄，釀成的紅酒帶有紫羅蘭般的色澤，有明顯的水果香味，類似香蕉、鳳梨、桑椹、覆盆子等果香，酒體較薄。
4. 食物搭配：薄酒萊的地區酒具有優雅細膩的風格，因此適合燉煮的野禽類或豬肉類的家常料理。而薄酒萊新酒飲用方式及溫度類似白酒，因單寧含量低，建議搭配白肉類料理，如德式香腸。

圖 3-19　Gamay

（四）格那希（Grenache）

1. 品種特性：原產西班牙東北部，當地稱爲 Garnacha（圖 3-20），是西班牙最重要的品種之一。成熟期晚，適合乾燥炎熱的氣候，因爲糖分高，可釀成酒精含量較高的葡萄酒，但單寧的含量相對較少。老藤葡萄釀成的紅酒可耐久藏，酒質濃郁豐厚。大部分會與其他品種的葡萄混釀，例如西班牙產區常會混入田帕尼優（Tempranillo），法國產區則多與希哈（Syrah）混釀，也可釀製粉紅酒與甜紅酒。

圖 3-20　Grenache

2. 重要產地：主要產地在西班牙東北部的里奧哈（La Rioja）、普里奧拉（Priorat）；法國南部的地中海沿岸、隆河的教皇新堡也是優質的產區，而美國與澳洲的乾熱地區也有種植。
3. 典型香氣：類似草莓的紅色漿果及胡椒香料類的香氣為主，同時帶有些許甘蔗香甜。
4. 食物搭配：格那希風格優雅，酒質濃郁豐厚，因此，適合燉煮的豬肉料理，也可以搭配菇菌類料理。

（五）馬爾貝克（Malbec）

1. 品種特性：原產於法國西南區，當地稱之為Côt（鉤特），波爾多稱Malbec（圖 3-21）。釀成的酒色較深、單寧重、結構厚實而緊密，須陳年熟成才能發展出圓潤的口感。
2. 重要產地：法國西南區的卡奧爾（Cahors）產區，釀出的酒色深濃而被稱為黑酒。阿根廷門多薩（Mendoza）的自然條件很適合馬爾貝克，因此當地種植的品質具有相當高的水準，近年來釀製的品質也有非常好的表現。法國的波爾多也有生產，大約3%的耕作面積，產量較少。

圖 3-21　Malbec

3. 典型香氣：阿根廷釀製酒體介於中度至豐滿之間，表現出渾厚的果香與獨特的野味芳香。年輕時，散發李子、黑櫻桃的果香；陳年後，展現較豐富的辛香料、濕土和巧克力芳香。
4. 食物搭配：適合搭配燒烤牛羊肉類料理、香料烤雞、以番茄為基底的醬汁，以及口感濃烈的起司。

（六）梅洛（Merlot）

圖 3-22　Merlot

1. 品種特性：梅洛（圖 3-22）是波爾多產區傳統品種，早熟且產量大。單寧較柔細，酸度較低，口感滑順好入口，接受度高，因此有「新手酒」之稱。波爾多左岸常與卡本內．蘇維濃和卡本內．弗朗混釀，但波爾多右岸多作爲主要品種，且有不凡的表現，玻美侯地區著名的佩楚堡（Chateau Petrus）及聖愛美濃區（Saint．Emilion）的表現非常亮眼。
2. 重要產地：法國波爾多種植區域很廣，且美國加州也釀造出世界級的品質，讓梅洛愈來愈受重視。而澳洲這幾年採單一品種釀造，也交出非常亮眼的成績，激勵了南非、智利等的新世界國家。
3. 典型香氣：簡單而直接，變化較少，呈現獨特的深紅色，有豐富的果香，包括櫻桃、李子、藍莓等深色莓果類水果香味，也帶有薄荷、肉桂等香料味，另有黑巧克力、菸草味。飲用的口感滑順，常被比喻像絲綢般柔美。
4. 食物搭配：在搭配食物方面，容易與各式蔬菜料理、肉類料理做搭配，甚至與各式焗烤類熱前菜、深海魚類料理、野味料理也很適合，還可以搭配醬油調味的中式餐點，或與三明治和火腿等輕食冷盤搭配。

（七）內比歐露（Nebbiolo）

圖 3-23　Nebbiolo

1. 品種特性：原產於義大利西北的皮蒙特區（Piemonte），當地稱爲 Spanna。屬晚熟品種，須種植於向陽坡地，才能充分成熟，是義大利最優質的品種之一，可釀出義大利最頂級的紅酒。（圖 3-23）單寧含量及酸度都非常高，酒色偏櫻桃紅，口感結構嚴謹濃烈，酸度強，酒精度高，非常耐久存。主要特點是能把土地的特質詮釋在酒體中，所以生長土質不同使風格差異很大。

2. 重要產地：目前主要種植於義大利的皮埃蒙特區（Piemonte）與附近產區，以巴羅洛（Barolo）及巴巴瑞斯柯（Barbaresco）這兩個法定產區（DOCG）最著名，在世界上享有卓越的名聲。其中巴羅洛產區所產的經典酒款，有「王者之酒，酒中之王」美譽。而巴巴瑞斯柯因土質、溫度上的差別，而造就了完全不同酒體，且依照法規須百分之百內比歐露品種所釀製，方可冠上產地同名的酒。
3. 典型香氣：香味豐富有黑色漿果、紫羅蘭、香料與焦香味，還帶有紅櫻桃酸味、紅玫瑰香氣、雅致煙燻味，讓人記憶深刻。而陳年的巴羅洛有果香、花香、蘑菇和煙燻的香氣，高單寧、高酸度、高酒精度。
4. 食物搭配：酒體強勁厚實，因此特別適合燒烤的各式肉類料理，如牛肉、羊肉、鹿肉等，或者有厚重醬汁的肉類料理，以香料燉煮肉類也很適合。

（八）黑皮諾（Pinot Noir）

1. 品種特性：黑皮諾（圖 3-24）屬於晚熟的品種，喜歡生長於石灰質黏土，體質敏感脆弱，對環境要求多，適合生長在較寒冷的地區，產量少，不易栽種，像個嬌生慣養的貴族。但風味優雅、細緻、香氣豐富多變，多數是單一品種釀造，因此品質的好壞落差很大，但常有令人驚艷的表現。
2. 重要產地：原產於法國勃根地（Burgundy）也是該區唯一的紅葡萄品種，除了用來釀造勃根地的高級紅酒，也是香檳區（Champagne）釀製高級香檳的主要品種之一。在德國也是主要的紅酒品種，稱為 Spätburgunder。新世界的部分則以美國奧勒岡州及紐西蘭為主，種植面積廣大，產品品質受矚目、肯定度高，而美國加州、澳洲維多利亞也有相當優良的表現。

圖 3-24　Pinot Noir

3. 典型香氣：像紅寶石般的顏色，年輕時帶有複雜的花香及櫻桃、覆盆子的水果香氣，單寧細緻優雅，與酸度均衡表現。熟成後酒香變化豐富，有櫻桃、梅子、紅色花香、複雜香料和動物香氣。
4. 食物搭配：由於酒體優雅細膩，因此，適合燉煮的禽類或豬肉的料理，也可以搭配菇菌類的義大利麵或番茄料理。

（九）山吉歐維榭（Sangiovese）

1. 品種特色：原產義大利中部托斯卡尼（Toscana, 英文 Tuscany），Sangiovese 意指丘比特之血，是義大利種植最廣的品種，因爲年代久遠，利用該品種無性繁殖的品系也很多。一般而言，山吉歐維榭酸度強，不夠圓潤，單寧含量高。在奇安提和古典奇安提（Chianti Classico）產區與蒙達奇諾（Montalchino）的布魯內洛（Brunello）產區，生產出色深濃厚，結構緊密的上等紅酒，尤其後者還具有長期陳年的潛力。（圖 3-25）
2. 重要產地：義大利中部托斯卡尼爲主要的產區，美國加州也有種植區。
3. 典型香氣：黑色莓果類香氣，如草莓、櫻桃、黑莓、黑醋栗、黑李等，也帶有玫瑰花香及胡椒、丁香等香料味，還帶有皮革、土壤、咖啡及巧克力味。
4. 食物搭配：酒型種類繁多，酒體從中等到厚實都有，可以搭配各種番茄醬料爲主的義大利麵點或三明治；成熟風味的酒，則可搭配口感厚重的肉類料理，或是搭配燉煮的肉類料理。

圖 3-25 Sangiovese

（十）希哈（Syrah , Shiraz）

1. 品種特性：原產法國隆河谷北部，也是最佳產區，適合溫和的氣候，以生長於火成岩斜坡的葡萄樹表現最好，酒色深黑，酒香濃郁多變化，口感結構緊密且厚實，希哈的單寧含量高、抗氧化強，適合陳年久存，媲美頂尖波爾多紅酒。（圖 3-26）通常以單一品種釀造，偶爾也加入少量維歐尼耶（Viognier）使口感圓潤，香氣更豐富。
2. 重要產地：南法的地中海產區普遍都有種植，以隆河北部以羅第丘（Côte Rôtie）及艾米達吉（Hermitage）最著名。除了法國之外，最著名的產區就屬澳洲，澳洲稱 Shiraz，是澳洲種植面積最廣的品種，風格濃厚強勁。由於澳洲與法國產製的特色有明顯不同，因此 Syrah 和 Shiraz 名稱不可混用；另外，美國加州與西班牙也有種植此品種。
3. 典型香氣：年輕時以紫羅蘭花香及黑色漿果香爲主，隨著陳年熟成會發展出胡椒、水果乾、焦油、煙燻味及皮革等成熟香味。口感緊密厚實，單寧澀味高，適合釀成耐久存的頂級佳釀。陳釀的希哈表現出細膩優雅的紅色花香、複雜的果香，及成熟的巧克力、皮革、焦糖等成熟味。
4. 食物搭配：Shiraz 的酒體強勁濃郁，特別適合燒烤的各式肉類或口味濃郁的羊肉料理，香料燉煮肉類也非常搭配。Syrah 則較優雅沉穩，適合燉煮的禽類或牛肉料理。

圖 3-26　Syrah

（十一）田帕尼優（Tempranillo）

1. 品種特性：原產西班牙北部，字源意指早熟，是西班牙最著名的品種，適合涼爽溫和的氣候，特別喜歡坡地，土質貧瘠的石灰黏土。釀成的紅酒顏色深、單寧強勁，但圓滑細緻，適合在橡木桶內熟成，可發展出豐富的香氣。（圖 3-27）

圖 3-27　Tempranillo

2. 重要產地：西班牙北部相當常見，是里奧哈最重要的品種，常混合格納希與卡利濃（Carignan），也是斗羅河岸（Douro）的重要品種，當地稱之爲稱爲 Tinto del Pais，在葡萄牙也相當常見。
3. 典型香氣：酒體香氣較薄，主要爲草莓及蜜李果醬香氣；酒體較紮實的，則有黑莓果、黑櫻桃及蔓越莓等香氣，也常伴有草本植物及菸草香。陳年後會有蜜李、乾果及可可香氣出現。
4. 食物搭配：適合鴨胸或油封鴨腿等家禽類料理，也適合燉煮的野味類、豬肉類料理與菇菌類料理。

（十二）金芬黛（Zinfandel）

1. 品種特性：19 世紀由義大利傳入美國。葡萄的含糖量高，早期常用來釀製粉紅葡萄酒和半甜粉紅酒或白酒。近年來用老藤來釀造並透過較長的浸皮過程，釀造出較厚實、高品質的紅酒。適合生長在溫暖但不太熱的氣候。皮薄、早熟、含糖量高，也可以用來釀造氣泡酒與波特式甜紅酒。（圖 3-28）

圖 3-28　Zinfandel

2. 重要產地：原產於義大利的普利亞（Puglia），稱爲 Primitivo，現在以美國加州爲主要的產地，索諾瑪河谷（Sonoma Valley）、乾河谷（Dry Creek Valley）、謝拉山丘（Sierra Foothill）、帕索羅布爾斯（Paso Robles）是最佳產區。
3. 典型香氣：酒精度高、單寧柔和圓熟，口感甜潤濃重，有甜熟的漿果與香料味，帶有濃郁的成熟草莓香與甜味，一般可以釀成紅酒與粉紅酒。
4. 食物搭配：粉紅酒容易單獨飲用，須冷藏，可搭配簡單的冷盤前菜。紅酒因丹寧較厚實、酒體圓潤，帶有覆盆子、黑莓、茴香、胡椒香味，適合搭配肉類料理。

二、主要白葡萄品種

（一）夏多內（Chardonnay）

1. 品種特性：原產於法國勃根地地區，但因適應力強、產量高、容易生長，適合各類型氣候，全球葡萄酒產區幾乎都有種植。可塑性強、容易有高品質的表現、樣貌多變，深受釀酒師喜愛。清爽型的夏多內有如美麗高傲的少女，但卻是少數可在橡木桶陳年的白葡萄品種，陳年的表現像優雅高貴的成熟少婦。（圖 3-29）

圖 3-29　Chardonnay

2. 重要產地：法國許多著名產區都有種植；美國的納帕郡山谷（Napa Valley）也有相當傑出的表現，口感上比較柔順成熟；澳洲與紐西蘭有明顯的特色，酒體乾淨清爽、酸度非常迷人；南非近年來也有相當優異的品質；另外，南美的智利、阿根廷也相繼釀出各有風格的 Chardonnay。
3. 典型香氣：風味相當寬廣，從清香型，如萊姆、柑橘類的清新口感，到豐富的熱帶水果，如香蕉、哈密瓜、鳳梨的香氣，或奶油、烤麵包、礦石、燻烤土司或木桶香氣，呈現的風味相當多元，可說是多變的女皇。
4. 食物搭配：由於個性多變、風格型態範圍較廣，食物搭配也就相對多元。年輕時，屬於口感清爽的酒，適合搭配清淡的海鮮、魚類、帶殼貝類等；陳年後，口感較濃郁，則可搭配奶油醬汁的魚排料理，或搭配雞肉、豬肉、火雞肉類的料理。

（二）白梢楠（Chenin Blanc）

1. 品種特性：有人稱白梢楠千嬌百媚、百變風情，遇上不同的土壤和氣候時，表現的型態迥異，不管在詮釋風土條件或老藤的陳年實力，和夏多內、麗絲玲一樣具有實力。另外，還可釀製成甜酒或氣泡酒，風格相當多變。（圖 3-30）
2. 重要產地：原產於法國羅亞爾河谷區，適合較溫和的海洋性氣候，少數也生產做成甜白酒。是一種產量高的品種，因此在南非的開普敦也大量種植、生產，質地較為清爽、年輕、酸度較高，近年來南美及其他新世界國家也開始喜歡白梢楠多變的實力。

3. 典型香氣：年輕時白梢楠具有明顯的白花、青蘋果、蜂蜜等香氣，也不時會出現青梅子、桃子，甚或像鳳梨等熱帶水果香氣。偶爾因應不同的陳年方式也會出現如蜂蠟、礦物質的氣味。
4. 食物搭配：因應不同型態，在食物搭配上從清爽的海鮮沙拉、海鮮料理，乃至於雞肉類的食物等。

（三）格烏茲培明那（Gewürztraminer）

1. 品種特性：一個又長又難念的德文名字，是一種早熟的品種，葡萄顏色呈粉紅帶紫，時而青黃色，因此所釀製的酒色呈現稻草黃或微帶桃紅色，香氣濃郁獨特，相較於同樣香味十足的蜜思嘉（Muscat），還保有一份嫵媚與柔情。酒精度高，酸度卻不會太多，甚或還有餘韻甜味，有時還可釀成貴腐甜酒。（圖 3-31）
2. 重要產地：原產地法國的東北部，現多見於法國阿爾薩斯及德國萊茵河畔等，一些新世界產區也因其獨特的香氣而廣爲種植。
3. 典型香氣：獨特豐厚的果香如荔枝、糖漬水果、杏桃乾、蜂蜜等香甜的風味，還有玫瑰花與雞蛋花香氣，口感帶酸、乾爽，但後韻甜潤。
4. 食物搭配：因豐滿的香味、甜潤的口感，不少人認爲與中國料理是絕配，搭配阿爾薩斯的白滷豬腳也非常的配，或搭配冷肉拼盤（cold cut），當開胃酒也不錯。

圖 3-31　Gewürztraminer

（四）綠維特利納（Grüner Veltliner）

1. 品種特性：Grüner Veltliner 意指綠色的葡萄，是一種較適應寒冷氣候的晚熟品種，但其適應能力很強，從頁岩到白堊土，只要排水性佳的土質都可以生長，如奧地利的多瑙河沿岸的陡坡，是一種能強烈反應出風土條件的葡萄品種。生產出的白酒年輕易飲、酸度高、清新爽脆，酒體結構緊實，口感平衡細緻。在奧地利甚至會喝當年分，一種稱為 Heurigen 的微氣泡白酒，這種酒第一次發酵完成後，馬上裝瓶，因而保留微量的氣泡。（圖 3-32）
2. 重要產地：主要種植在奧地利與斯洛伐克等國家。
3. 典型香氣：可以釀造年輕易喝的果香型白酒，也可以釀造具有陳年潛力的葡萄酒。經典的 Grüner Veltliner 表現出綠色水果，如青蘋果的香氣，也帶有柑橘類的清香，如柑橘、葡萄柚等，較特殊的還有白胡椒味、麝香、香料、礦物質等風味。熟成後會散發出迷人的奶油、蜂蜜等風味。
4. 食物搭配：如同其他清爽型的白酒，相當適合冷盤，如各式沙拉、海鮮冷盤、生食的紅黃椒及醃製類的酸黃瓜，也非常適合德式黑麵包。

圖 3-32　Grüner Veltliner

（五）蜜思嘉（Muscat）

1. 品種特性：又稱為麝香葡萄，歷史悠久，有相當多的演化品種，有紅葡萄品種和白葡萄品種，香味都非常濃郁獨特，帶有一點野生動物的分泌物氣味，因此被稱為麝香葡萄。蜜思嘉的口感圓潤、酸度低，與香味一樣非常討喜，但少了均衡與細緻也不耐久放。（圖 3-33）

圖 3-33　Muscat

2. 重要產地：以法國的阿爾薩斯所生產的不甜的白酒、義大利西北區的 Moscato d' Asti 和 Asti Spumante 最爲出名，其他產地如澳洲維多利亞、紐西蘭、美國、智利等，也常被用來釀製成香濃的甜白酒。
3. 典型香氣：除了濃郁且獨特的麝香味之外，也帶有柑橘、玫瑰花香味，或熱帶水果如荔枝、甜鳳梨、芒果等香甜味。
4. 食物搭配：由於風格多變，從氣泡酒、一般白酒到甜白酒都有，食物的搭配會根據其型態而有所不同，如從氣泡酒適合搭開胃小點，一般白酒搭配冷盤開胃菜爲佳，甜白酒適合與餐後起司盤一起享用。

（六）灰皮諾（Pinot Gris）

1. 品種特性：從黑皮諾變種而來，Gris 指的就是灰色。Pinot Gris 可釀成白葡萄酒、粉紅葡萄酒、甜白酒，在法國的風格獨特又比較濃郁厚實，帶著些許紅葡萄酒風味。而義大利的 Pinot Grigio 是一種不甜的清淡爽口白葡萄酒，非常適合夏季野餐飲用。（圖 3-34）
2. 重要產地：原產於法國勃根地的品種，在 14 世紀由西都教會（Citeaux）的修士傳到匈牙利種植，至今當地還一直稱 Pinot Gris 爲灰色教士（Szurkebarat）。到了 16 世紀才又從匈牙利傳回阿爾薩斯，與阿爾薩斯相鄰的德國也有大量的種植，在當地被稱爲 Grauburgunder（意指灰色的勃根地），依品種常被釀成不甜且風味較重的日常用酒，偶爾也會被釀成貴腐甜酒或冰酒。新世界則以美國奧勒岡州種植較多。

圖 3-34　Pinot Gris

3. 典型香氣：同時具有白葡萄與紅葡萄的個性，酸度較高，具有多重的優雅果香，如青蘋果、西洋梨等清爽的水果風味，同時也具有些許香料的風味，如香草、肉桂等，也因甜度夠，也有野蜂蜜的香氣。
4. 食物搭配：清淡爽口的 Pinot Gris 除了可以單獨飲用外，也非常適合各類型的沙拉盤、冷肉拼盤、德式香腸冷盤及起司等，甚至可以搭配綜合海鮮冷盤，也可以搭配中餐飲用。

（七）麗絲玲（Riesling）

1. 品種特性：提到 Riesling 自然就想到德國，幾乎是德國酒的代表。適合在氣溫較低的氣候生長，生長季要長，又不能太熱，但生長季熱度不夠，葡萄不夠熟，糖分會不夠，加上溫差很大，所以酸度高，釀出較低酒精、不甜的白酒。而德國酒農會根據天氣變化將收成延後，讓灰黴菌（又稱貴腐黴）在葡萄表面生長，葡萄萎縮後，糖分增加，可以釀成較甜的白酒，也稱貴腐酒。麗絲玲另一個特色是與橡木桶格格不入，因此雖有陳年的潛力，卻極少放在橡木桶陳年。（圖 3-35）
2. 重要產地：主要種植在德國的萊茵河流域，還有鄰近的法國阿爾薩斯區域，19 世紀末時曾經是非常受歡迎的主流品種，因此被移植到美國、南非、澳洲等地，都有相當優異的表現。
3. 典型香氣：入口大多酸度較重，但帶有一絲蜂蜜的甜香味。基本氣味是槴子花、茶花香等白花香，再加上柑橘類，蜜桃、杏桃等果香，也有些許的蜂蜜香氣。

圖 3-35　Riesling

4. 食物搭配：可搭配的食物範圍相當寬廣，根據酸度與甜度的不同，從生魚片等海鮮料理，到雞肉、鵝肉與豬肉等肉類料理都可以搭配。也有人拿甜度較低的德國麗絲玲白酒，搭配口味偏甜的上海菜和臺灣料理。

圖 3-36　Sauvignon Blanc

（八）白蘇維濃（Sauvignon Blanc）

1. 品種特性：是廣受歡迎的品種，另一名稱為 Fumè Blanc，適合溫和的氣候，以石灰土質最佳，因此種植區域非常廣，個性明顯而直率，香氣特徵也非常具有獨特性。（圖 3-36）
2. 重要產地：原產地是法國波爾多地區，常與榭密雍（Semillon）混合生產清爽不甜的白酒，近期在新世界釀酒國家也大受歡迎，而且有非常獨特的表現，如紐西蘭、美國、澳洲、智利、南非等，其中以紐西蘭最出色，而聞名於全世界。
3. 典型香氣：葡萄是綠色的，釀出來的汁液顏色較淺、香氣清新，帶有很多植物性香氣，如青草、蘆筍、青椒等香味明顯，同時還帶有柑橘類香氣，如檸檬、葡萄柚等，紐西蘭的 Sauvignon Blanc 則更明顯帶有熱帶水果香氣。
4. 食物搭配：非常適合單獨品飲，不過，搭配開胃菜或小點也很合適，搭配日式料理也很對味。

圖 3-37　Semilon

（九）榭密雍（Semillon）

1. 品種特性：是一款味道相當濃郁豐富的白酒，可以單獨釀製白酒或與其他白葡萄混釀，或單獨釀成甜酒。法國波爾多地區常與白蘇維濃混釀，生產清爽不甜的白酒，在索甸（Sauternes）跟巴薩克（Barsac）利用當地特有的貴腐菌，生產索甸甜白酒（Sauternes），被認定為最好、最貴的甜白酒 Chateaux d' Yquem 就是用榭密雍釀製的。（圖 3-37）

2. 重要產地：樹密雍的原產地在法國波爾多地區，美國主要用來釀製甜白酒，南半球的智利、阿根廷、南非、澳洲也都有 Semillon 的種植。值得一提的是，在澳洲的獵人谷地（Hunter vally）生產的樹密雍釀成不甜的白酒，經過陳放培養後，香氣濃郁、口感豐富，品質相當不錯。
3. 典型香氣：香氣包括從較早收成時的檸檬、青草、柑橘類的清新，到成熟黃色水果的杏桃、梨子、芒果。經過陳年後，常會出現杏仁、蜂蜜、桔乾、椰子等混合奶油質地的風味。
4. 食物搭配：由於品種的彈性，可以是濃郁香甜，也可以是清新爽口，不甜的可搭配海鮮魚類或帶殼海鮮，風味濃郁則可以搭配濃稠醬料的魚料理，甜酒型則搭配鵝肝或重口味的起司，如藍黴起司等。

（十）維歐尼耶（Viognier）

1. 品種特性：酸度並不高，所以愈新鮮愈好喝，年輕時才能表現最豐腴迷人的風味，要在年輕時的芳香豐醞和陳年後的圓熟風味之間做取捨，則是看個人的選擇。維歐尼耶多被當成混釀葡萄用，在法國隆河區當地的希哈依法可以添加維歐尼耶到 20%。（圖 3-38）

圖 3-38　Viognier

2. 重要產地：原產於法國北隆河區，適合涼爽溫和的氣候和火成岩沙質土的斜坡，比起原產地法國的忽視，在新世界的美國、加拿大和澳洲，質和量方面都有顯著的提升。美國加州區洛迪（Lodi）生產的維歐尼耶甚至被視為新世界的代表產區，加州的釀酒師更將 Viognier 提升到膜拜酒（Cult Wine）的境界。
3. 典型香氣：最被稱道的香氣是帶有梔子花、杏桃、水蜜桃等香氣，加上柔軟的酸度。
4. 食物搭配：適合單獨品飲外，可搭配開胃菜或小點，或搭配番茄料理或番茄口味義大利麵，也很對味。

第五節　葡萄酒的釀造

最早葡萄酒的釀造極其簡單，只需要葡萄自然的熟成、破裂與外皮上的酵母自然結合就能釀造出葡萄酒，此方法所產生的葡萄酒是極為原始，不適合長期保存。釀酒的方式經過數千年的演進，加入了許多先人的智慧，創造一套固定的釀酒模式。到了今天，葡萄品種的不同、釀造方式的差異，所生產出來的葡萄酒的風味也有所不同，20 世紀末就有人說，這世代所喝到的葡萄酒是歷史以來最優質的，一方面是拜科技的發展，人類在釀酒技術的精進及技巧提升所賜；一方面是人類商業活動的模式改變，葡萄酒便成了重要期貨商品，大量資金的投入、市場的擴充，成為葡萄酒品質精進和提升的動力。當然更有一些人在葡萄酒的世界裡投入許多心血和熱情，用心去詮釋各種葡萄品種，用技術精進各種葡萄的優勢…等，都是今天能喝到這麼優質葡萄酒的原因。

一、葡萄酒釀造的基本步驟

葡萄酒的釀造在紅酒、白酒和粉紅酒的釀造上有些許的差異，但基本上都具備下列幾項程序：

（一）採收

葡萄在 9 月底、10 月初進入採收期，現在已有機器可以採收葡萄，但有些酒廠會強調是手摘，尤其是一些嬌貴細緻的葡萄品種，或者是貴腐葡萄等，仍維持人工採收。（圖 3-39）

圖 3-39　剛採收下來的葡萄

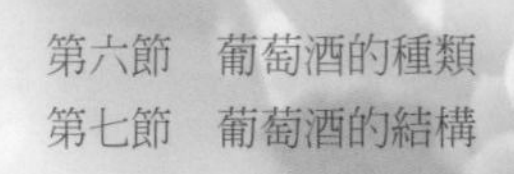

（二）篩選

採收後的葡萄要經過篩選，而機器採收的多少含有些葡萄葉及枝梗的存在，得先經過篩選。

（三）破皮

篩選後的葡萄必須經過一道壓榨的程序—破皮（圖 3-40），葡萄皮上有獨特的天然酵母等物質，因此發酵前須先擠出果肉，將葡萄皮與果肉分離，同時讓葡萄汁與葡萄外皮接觸，讓葡萄皮上的酵母和天然物質溶解到葡萄汁液中，增加風味。

圖 3-40　葡萄經過篩選後以機器破皮

（四）榨汁

葡萄破皮後，倒入一個呈水平狀的前壓器內，前壓器早期由木頭製成，內有旋轉旋狀枝條，兩端由一大木製轉軸承接，其平面的前壓器會將一團團的葡萄壓榨成汁漿（圖 3-41）。榨汁過程緩慢而均勻，壓力不能太大，以免擠破葡萄籽釋放出籽中的油質及劣質的丹寧，影響葡萄酒的口感。

圖 3-41　剛榨出來的葡萄汁

（五）發酵

破皮榨汁後，輕發酵葡萄汁稱爲 Must，再送入一個不銹鋼槽中進行發酵。（圖 3-42）此時的葡萄汁中所含的糖分，經酵母菌的發酵作用，轉化成酒精及二氧化碳，這階段最須注意的就是溫度和酒精濃度的控制。發酵公式如下：

葡萄糖＋酵母＝酒精＋二氧化碳

發酵過程會讓溫度升高，超過攝氏 45℃時，發酵就會中止，一般不鏽鋼的發酵槽，有助於監控發酵時的溫度；酒精濃度也須控制在 16％以下，一般酒精濃度超過 16％，也會使酵母菌中止發酵，所以一般葡萄酒的酒精濃度多數被控制在約 10％～ 15％間，而酒精濃度高低則取決於葡萄汁中含糖成分的比例，葡萄的酒精含量百分比可經由「糖份折射儀（Brix）」來加以測出，其公式爲：

刻度 X0.55= 酒精濃度%

例如：你在葡萄園裡經由 Brix 測得葡萄的糖分刻度爲 23 度，其換算酒精公式爲：

23X0.55=12.65%（酒精濃度）

此時第一階段的酒精發酵可算完成。

圖 3-42　不鏽鋼發酵槽

有些酒會進行第二階段的發酵稱「乳酸發酵」（Malolactic fermentation），公式如下：

果酸＋乳酸菌＝乳酸＋二氧化碳

乳酸發酵的作用，是以乳酸菌將葡萄酒中的果酸，轉化成酸度較溫合、穩定性高的乳酸。而一些適合即時飲用的葡萄酒，如薄酒萊新酒及部分白酒，則不須經過乳酸發酵。

（六）過濾

發酵後的葡萄酒含有大量的礦物質及雜質，須過濾讓讓質地更清澈，早期是將葡萄酒靜置，使雜質沉澱於桶底，再將葡萄酒換桶，所以橡木桶的開關位置都略高於底部，這個過程還可以讓酒接觸到空氣，去除桶中的腐味，最不會影響葡萄酒的酒質，也可讓葡萄酒的單寧更為柔化成熟。換桶早期多出現在法國、西班牙。另外也有酒廠是利用蛋白和明膠吸收酒汁中的雜質，再過濾去除。

（七）培養

橡木桶中的培養過程，對紅酒而言相當重要，橡木桶中的木質細胞具有透氣功能，可讓極少量的空氣滲透到桶中，與葡萄酒發生適度的氧化作用，可柔化單寧、修正酒精和糖分，並將木桶中的香氛融入酒中，使葡萄酒蘊釀出更為豐富的酒香。

法國和西班牙的傳統製程，會將葡萄酒放在不同的橡木桶中熟成，甚至會換桶、調整存放時間。一般而言，愈高級與愈能陳年的酒，放置橡木桶的時間相對較長，約 2 ～ 3 年，而一般的酒會放 6 ～ 12 個月，所以葡萄酒在橡木桶的存放時間，具有評鑑品質的影響力。（圖 3-43）

圖 3-43　在橡木桶中熟成的葡萄酒

（八）裝瓶

葡萄酒經過橡木桶的培養之後，已進入成熟階段，但也因橡木桶中氧氣的滲透，使葡萄酒中的酵母一直處於活躍的狀態，爲了長期保存和運輸，葡萄酒必須裝入瓶中存放（圖 3-44）；但也有一些酒裝瓶的作用單純是爲了運輸，而不適合長期保存，如法國薄酒萊新酒，只能存放2～3個月而已，須新鮮時飲用，才能品嘗到最好的風味。

圖 3-44　裝瓶機

（九）熟成

酒在瓶中的靜置，酒質會更穩定，經過長時間的保存，達到最佳的成熟狀態，因此有的葡萄酒裝瓶後會在酒窖中靜置 1 ～ 2 年，待酒質平穩後才上市販售。（圖 3-45）

圖 3-45　裝瓶後熟成

（十）儲存

裝瓶後的葡萄酒易受外在環境的溫度、光線、濕度等影響，最好存放在溫度約 16℃、相對濕度 70％的陰暗處。

二、白葡萄酒的釀製

1. 葡萄採收、篩選後，當天破皮、榨汁，並盡快將果皮、葡萄籽與梗分離，避免釋放出籽、梗的苦味與澀味。（圖 3-46）

圖 3-46　剛摘下的白葡萄

2. 將葡萄汁倒入不鏽鋼槽，進行發酵，一般會添加一些培養的酵母菌，使發酵後的香味更加細緻，也增添成熟的香味。
3. 不需乳酸發酵或熟成的白酒，可以直接過濾、裝瓶；而有些白酒會存放在橡木桶中熟成，增添風味。

三、紅葡萄酒的釀製

1. 葡萄採收、篩選後破皮，讓葡萄汁和果皮接觸，以取得更多的酚類物質及紅色素。
2. 破皮後的紅葡萄直接發酵，葡萄皮與籽留在桶內，可增加汁液與皮的接觸，以取得更多的物質與風味。
3. 浸皮以萃取葡萄皮中的重要物質，如單寧、紅色素等，一般都採用低溫浸皮法。而因爲發酵產生二氧化碳，葡萄皮會浮至發酵槽上方，因此有些酒廠會將底部的酒汁抽出，淋在皮上，以取出更多的紅色素。最後將破皮的葡萄肉榨汁，與取出的液體混合。
4. 進行乳酸發酵。
5. 使用蛋白或明膠黏合懸浮物後去除，使酒質澄清，也有酒廠使用自然沈澱法，以換桶方式分離。
6. 置於橡木桶中培養和熟成。

四、粉紅酒的釀製

粉紅酒的釀製有以下兩種方法：

1. 浸皮法：此法與白酒釀製方法類似，但是選用紅葡萄釀製。葡萄採收後榨汁，此時須經過浸皮程序，葡萄汁以低溫浸泡葡萄皮數小時～3天左右，讓葡萄皮只釋放色素而不取單寧，濾掉葡萄皮後再繼續發酵。
2. 出血法（saignée）：利用釀造紅酒時的副產品釀製粉紅酒，有的釀酒師會從紅酒發酵糟中取出部分汁液，加入白葡萄酒發酵槽中繼續發酵，取得更多的色素和單寧，釀成粉紅酒。

五、氣泡酒的釀製

每個國家產區，都有不同特色的氣泡酒，造成各種氣泡酒差異的原因，除了葡萄品種不同外，影響最大的就是釀造的方法。氣泡酒有四種較常見的釀造手法，介紹如下：

（一）傳統法

也稱爲香檳法，是製造氣泡酒最基本的方式，可以釀造出品質最好，具陳年潛力的氣泡酒，但是也是最耗人力和時間成本的方法，因此釀造出來的氣泡酒價格不便宜。傳統法的步驟如下：

1. 第一次發酵：在葡萄含糖量低、酸度高的時期採摘，以釀造白酒的方式榨汁和進行第一次發酵。
2. 調配：大多數的氣泡酒沒有年分，須調配不同葡萄品種、不同葡萄園，或以不同年分的葡萄酒作爲基酒。各家酒廠都有自己的調配技術，以確保氣泡酒的品質 致。
3. 添加葡萄汁和酵母：調配後酒液中已無醣跟酵母，可供繼續發酵，因此須再添加葡萄汁和酵母。

圖 3-47　金屬蓋密封的氣泡酒

4. 裝瓶、密封：使用像密封啤酒時用的金屬蓋。（圖 3-47）

5. 第二次發酵：在瓶中進行，產生酒精和二氧化碳，而二氧化碳會溶解在酒中。
6. 熟成：第二次發酵後的酵母會沉澱留在酒中，將酒瓶平放，讓酵母殘渣分解，帶來獨特的麵包香味。
7. 轉瓶：為了去除酵母的殘渣，須將酒瓶從水平轉成瓶口向下的角度，讓殘渣集中到瓶頸處（圖 3-48），傳統轉瓶是用手工完成，但現代化酒廠已用機器代勞（圖 3-49）。
8. 除渣：先冷凍瓶頸，讓酵母渣結塊，打開瓶蓋讓酵母渣塊噴出。
9. 補液：除渣時會損失少量的酒，再添加一些葡萄酒後，以軟木塞和金屬固定片密封。

圖 3-48　氣泡酒二次發酵時的殘渣

圖 3-49　轉瓶機

（二）轉移法

此方法相當接近傳統法，但經過兩次發酵後，須將酒液倒入加壓槽中，整批除渣，因此可節省轉瓶和除渣的時間和成本。

（三）大槽法

是法國人尤金．查爾曼（Eugene．Charmat）發明的，二次發酵不在瓶中進行，而是在密封槽中進行，然後過濾、裝瓶，成本低又省時，但釀造出來的酒不若傳統法，目前大部分的氣泡酒都是用大槽法釀造，例如義大利亞斯提（Asti）和德國塞克特（Sekt）產區的氣泡酒。

（四）二氧化碳注入法

這是最簡單又低成本的方法，不經過二次發酵，直接把二氧化碳注入到葡萄酒中，一般廉價的氣泡酒多用這種方法，氣泡會比較粗大，有如汽水。

第六節　葡萄酒的種類

葡萄酒歷史悠久，更是博大精深，隨著各地氣候、環境、種植品種、釀造方式的不同，造就形形色色的葡萄酒，但從五花八門、成千上萬的葡萄酒中，可以簡單將葡萄酒分成以下幾種基本的類型：

一、氣泡酒

從超市裡一瓶不到200元的氣泡酒，到高價的香檳，氣泡酒可說是相當普遍的葡萄酒款，由於沒有單寧，口感不澀，市場接受度高，在食物的搭配上也相當有彈性，許多喜慶宴會的場合，氣泡酒都是不易失敗的選擇。氣泡酒最大的特徵是二次的發酵，在葡萄酒中加入葡萄汁和酵母，留住發酵過程中的二氧化碳，形成帶有氣泡的葡萄酒。

氣泡酒的酒色依釀造葡萄的不同，有一般常見近似白酒的氣泡酒，也有粉紅氣泡酒和紅酒的氣泡酒。幾乎每個國家產區都有獨特的氣泡酒。例如義大利的斯普曼達（Spumante）、西班牙的卡瓦（Cava）（圖3-50）、德國Sekt等產區。而法國除了香檳區的香檳外，羅亞爾河、波爾多、勃根地和阿爾薩斯也都有出產氣泡酒，稱爲Crémant。新世界的氣泡酒則更爲多樣化，美國加州和澳洲也都有生產優質的氣泡酒，而澳洲更以其獨特的Shiraz釀造氣泡酒。

圖3-50　西班牙的氣泡酒Cava

有些氣泡酒會標示年分，以香檳爲例，只有在葡萄最好的年分，爲了保有當年葡萄的特色，才會採用當年的葡萄釀造年分香檳，而要標上年分，則必須採用當年葡萄在一定的比率以上的用量才行。一般沒有年分的氣泡酒（Non-Vintage, NV），多半都是以調和過的葡萄酒釀造（圖3-51）

圖3-51　香檳大部分都沒有年分

氣泡酒也因甜度不同而有差別，大部分都會標示在標籤上，歐盟對氣泡酒中的糖含量也有規範，並規定標於酒標上，詳見表 3-2。

表 3-2　氣泡酒甜度分級表

原文標示	含糖量（單位：克 / 每公升）	口感
Brut Nature	0 ～ 3	絕對不甜或無糖
Extra Brut	0 ～ 6	特別不甜、極乾
Brut	0 ～ 12	不甜、乾
Extra Dry, Extra Sec, Extra Seco	12 ～ 17	不甜
Dry, Sec, Seco	17 ～ 32	微有甜度
Demi-Sec, Semi-seco	32 ～ 50	微甜
Doux, Sweet, Dulce	50 以上	甜

資料來源：《COMMISSION REGULATION （EC） No 607/2009》

二、紅酒

紅酒是葡萄酒的基本型，但因葡萄品種不同、種植地區的風土條件不同，而呈現不同的風貌，可以簡單分成下面三類，對初學者而言，在品飲和搭配食物上，可有一個簡單的參考原則。

（一）酒體清爽、低單寧紅酒

這類紅酒好入口，口感清新、酸度低，沒有單寧咬口的澀味，有豐富的覆盆子、櫻桃、紅蘋果等果香。品種以 Gamay、Grenache 和 Barbera 為主，而美國加州和澳洲種植的 Pinot Noir，單寧較低，散發出櫻桃成熟的味道，口感較為清爽，也相當受到歡迎。

圖 3-52　薄酒萊新酒為低單寧紅酒的代表酒款

代表酒款及產區：法國薄酒萊新酒（圖 3-52）、義大利 Barbera d'Asti、美國和澳洲的 Grenache、美國加州和澳洲的 Pinot Noir。

圖 3-53　義大利的 Chianti 紅酒屬於中酒體的紅酒

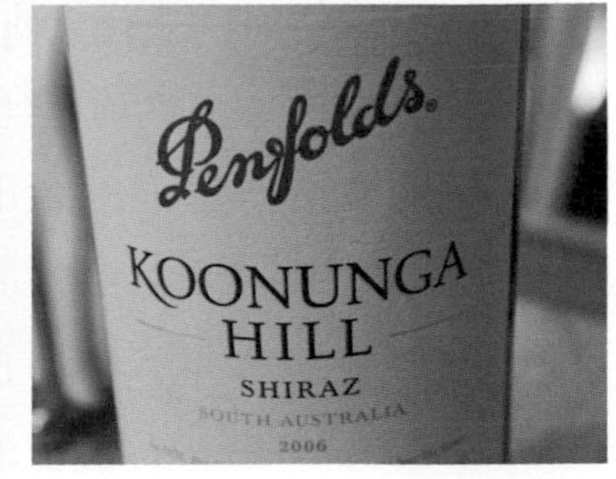

圖 3-54　澳洲 Penfolds 酒廠的 Shiraz 酒體強壯有力

（二）酒體中等到飽滿的紅酒

大部分中上品質、知名產區的紅酒，都屬於此類，這類酒的結構完整，有非常好的潛力可以陳年，年輕的時候單寧強，充滿個性，富含莓果、桑椹、李子和紫羅蘭的香氣，經過 1 ～ 2 年的熟成，單寧柔化，則會出現覆盆子、辛香料和巧克力的氣味，酒體飽滿的紅酒在橡木桶中熟成，還會帶有香草及巧克力的香氣。

代表酒款及產區：法國的勃根地、波爾多右岸的紅酒，義大利的奇安提（圖 3-53）、皮埃蒙特，西班牙的里奧哈，及新世界的智利、紐西蘭、美國奧勒岡州及澳洲。

（三）酒體強壯有力的紅酒

口感最為厚實的紅酒。一般都是由卡本內．蘇維濃、金芬黛及希哈等葡萄品種釀成，這幾種葡萄共同的特色是很耐熱，釀出的酒色深，充滿強烈的深色水果香氣，口感也如絲絨般豐富滑順，因此在酒體年輕、充滿果香氣息時飲用最佳，也可利用橡木桶熟成，平衡過於尖銳的口感。

代表酒款及產區：法國隆河產區、澳洲巴羅薩谷（Barossa）產區內的希哈釀成的紅酒；（圖 3-54）澳洲瑪格莉特河（Margaret River）產區內的卡本內．蘇維濃釀製的紅酒；美國加州產區卡本內．蘇維濃釀製的紅酒。

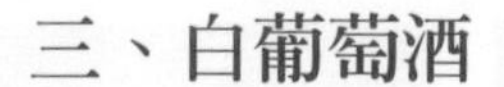

三、白葡萄酒

白酒的型態也相當多元，依照不同葡萄品種及風土條件，可以釀出香氣與口感迥異的白酒。一般會用 Dry 這個字形容白酒，但 Dry 並非字面上直譯「乾」的意思，一般會用 Dry 形容的白酒，通常是指不甜的或酸性高的白酒。中國大陸翻譯爲「干」（「乾」的簡體字），將 Dry White Wine 直譯爲「干型白酒」

白葡萄酒依葡萄品種的不同，而呈現不同的口感與風味，簡單分成下面五類，對初學者而言，在品飲和認識上，可有一個簡單的參考原則。

（一）酒體輕盈、清爽、不甜的白酒

這類白酒顏色淺，帶點草綠色，有青蘋果、割草後的草香氣味，酸度非常的清新爽脆，口感輕盈，帶著柑橘、蘋果和西洋梨的味道，以白蘇維濃、麗絲玲和清爽型的夏多內釀成的白酒爲主。白酒一般不經橡木桶陳年的階段，而只用不銹鋼桶的發酵方式，保持第一道發酵，適合年輕時飲用。

代表酒款及產區：紐西蘭白蘇維濃（Sauvignon Blanc）釀製的白酒（圖 3-55）、義大利灰皮諾（Pinot Grigio）釀製的白酒，及德國麗絲玲（Riesling）釀製的白酒。

圖 3-55　紐西蘭的白蘇維濃口感清爽，有芭樂的香氣

（二）花香調性的不甜到中甜度白酒

顏色較深、香氣濃郁是這類白酒的特徵，有著蜂蜜、桃子、乾草香味，甚至是玫瑰、荔枝味或是軟糖的甜味，最具代表性的葡萄品種是 Gewüztraminer。德國、奧地利產的酒質較輕淡細緻，但法國阿爾薩斯和澳洲的酒，風格比較濃郁。由於葡萄的糖分高，因此可以釀出不甜到中等甜度的白酒，有些釀酒師會讓這類白酒在橡木桶中熟成，讓香氣更爲平衡。

圖 3-56　奧地利的 Grüner Veltliner 香氣濃郁

代表酒款及產區：法國阿爾薩斯產區以格烏茲塔門那、灰皮諾、麗絲玲等品種釀製的白酒，德國以晚摘麗絲玲品種釀製的白酒，及奧地利以綠維特利納品種釀製的白酒（圖 3-56）等。

（三）酒體中等的白酒

這類的白酒比較有稜有角，香氣明顯且突出，會有瓜果類的味道，還帶有萊姆、打火石的味道。而紐西蘭的白蘇維濃還帶有明顯且濃郁的熱帶水果風味，很容易辨別，隨著時間，香氣會變得比較柔和。若有用橡木桶陳年，花香草味則會比較明顯。

代表酒款：法國勃根地（圖 3-57）、波爾多、羅亞爾河的普依．芙美（Pouilly．Fumé）等產區釀製的白酒，澳洲新南威爾斯產區以榭密雍品種釀製的白酒，及南非產區以白梢楠品種釀製的白酒等。

圖 3-58　勃根地白酒屬酒體中等的白酒

（四）酒體飽滿香氣濃郁的白酒

顏色金黃，充滿奶油、蜂蜜、水果乾、鳳梨、油桃的香氣，口感厚實充滿了奶油味，酒精濃度也會比較高。一般多會用橡木桶熟成，增添香草的甜香。

代表酒款及產區：多爲新世界產區的酒款，舊世界的法國北隆河、西南產區和西班牙也有生產，另外。智利、澳洲、美國加州以夏多內釀製的白酒也屬之（圖 3-58）。

圖 3-57　加洲的 Chardonnay 有著奶油般的香氣

（五）甜白酒

顧名思義就是甜味的白酒，臺灣市面上常見的冰酒就是屬於甜白酒，可以釀造的葡萄非常多，從蜜思嘉到麗絲玲都可以釀造甜白酒，而最高級的索甸甜白酒，則主要是以榭密雍釀成。這類酒充滿桃子、杏桃的果香，也有像蘋果派一樣的烘焙甜香，一般都會有適當的酸度平衡甜度。

圖 3-59　波爾多的 Sauternes 甜白酒

代表酒款及產區：義大利皮埃蒙特產區以蜜思嘉品種釀製的甜白酒，法國波爾多產區的索甸以榭密雍品種釀製的甜白酒（圖 3-59），德國的貴腐酒、冰酒，匈牙利托卡伊產區的甜白酒，加拿大的冰酒，澳洲和美國加州的晚摘白酒。

四、粉紅酒

粉紅酒的原文爲 Rosé，因此也有人譯爲玫瑰紅酒，基本上是紅葡萄品種釀成，像白酒一樣沒有單寧，卻在釀造過程中刻意浸染紅葡萄皮的顏色，形成粉紅色。顏色的區分，有從像臉上腮紅一樣的淡粉色，到甚至已經接近紅酒的深粉色，顏色深淺差異取決於浸皮時間的長短。（圖 3-60）粉紅酒喝起來像白酒，但因爲浸皮的作用，會有著白酒沒有的紅色水果和漿果香氣。舊世界的粉紅酒一般比較清新、細緻，而紅葡萄特色若有似無，較不突出；新世界的粉紅酒則比較厚重，口感和香氣都像紅酒一樣豐富，甚至會帶有些許單寧。

五、加烈葡萄酒

加烈葡萄酒（Fortified wines）也有人稱之爲加強葡萄酒或強化葡萄酒，是一種加入蒸餾酒精的葡萄酒，酒精度比較高，但基本上仍是釀造的葡萄酒，與白蘭地等以葡萄蒸餾出來的烈酒不同。常見的加烈葡萄酒，有下列幾種：

圖 3-60　各式各樣的粉紅酒

（一）波特酒

波特酒（Port）是葡萄牙的加烈酒，主要生產於葡萄牙北部的杜羅河谷（圖3-61），有不甜、微甜及甜的波特酒，通常是以紅葡萄釀造，發酵過程加入葡萄烈酒，使中止發酵，並保留葡萄中的糖分，以提高酒精濃度至18～20%的酒精濃度。

酒色很像濃茶，口感厚實，帶有核果和梅子香氣。年輕時，果香較為明顯，陳年後則會出現焦油和巧克力的香味。一些年分波特酒，甚至有陳年40年以上的實力。通常作為開胃酒。

圖 3-61　波特酒是葡萄牙最具代表性的加烈葡萄酒

（二）雪利酒

雪利酒（Sherry）是西班牙的加烈酒，產於西班牙南部安達魯西亞，雪利酒是葡萄酒發酵完成後，才加入白蘭地，因此大多數的雪利酒都是不甜的，甜的雪利酒則是釀造後期添加的。雪利酒型態非常多（圖3-62），從清淡爽口到深色厚實，一般多有著杏仁味和起司的香氣，濃郁型的雪利酒口感如奶油般綿滑，酒精濃度則因型態不同也有差異，但大多都在15%以上。可以單獨飲用，也可以當開胃酒，甜雪利酒則適合餐後飲用。

較典型且常見的兩種雪利酒為Fino與Oloroso。Fino是所有雪利酒中顏色最淡，也是最不甜的一種，酒在薄薄的酵母覆蓋下，於橡木桶中陳年。而Oloroso則比Fino氧化時間更長，色澤較深且豐富，偏茶色，酒精度高，也比較甜，也有人稱之為奶油雪利酒（Cream Sherry）。

圖 3-62　雪利酒的種類非常多

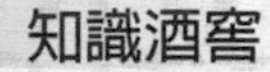

知識酒窖

馬德拉酒加熱讓葡萄酒氧化的特殊釀造方法，據說是 18 世紀時，一船運到海外的加烈酒，因爲來不及賣出，只好再運回來，途中經過熱帶地區，受到熱度和船隻晃動的影響，改變了酒的風味，因此馬德拉酒爲了複製當時的過程，在釀造時多了加熱氧化的手續。

（三）馬德拉酒

馬德拉酒（Madeira）是葡萄牙加烈酒的一種，主要在馬德拉群島生產而得名（圖 3-63）。釀造的手法非常特別，除了如波特酒加烈酒以中止葡萄酒的發酵外，還會在陳釀的過程中會加熱到 60℃，並保持一段時間，讓酒氧化，因此馬德拉酒可以開瓶後很久都不會變質。

馬德拉酒的酒精濃度在 17 ～ 22%間，類型很多，帶有杏仁和煙燻味，不甜的馬德拉酒可以當開胃酒；甜的馬德拉酒則可以配甜點飲用。

第七節　葡萄酒的結構

雖然一杯葡萄酒可能來自不同的葡萄品種、不同的產地，或採用不同的釀造手法，但專家用來分析紅酒的元素，不外乎就是葡萄糖、酸度、單寧和酒精，這四項元素可說葡萄酒的基本結構。

一、葡萄糖

葡萄糖（Sugar）是葡萄裡的糖分，發酵後會產生酒精。葡萄愈熟，糖度相對就愈高，果味也會比較豐富和濃郁，因此糖可以說是葡萄酒在發酵過程中非常重要的「原料」，會影響葡萄酒的風味。當葡萄成熟期天氣是陽光充足而炎熱少雨時，該年分的葡萄酒就會得到較高的評價，因爲葡萄的成熟度夠、糖分夠，有足夠的糖可以發酵，酒的風味就會豐富而飽滿，令人期待；相反若天氣不穩定，該年分的評價就會稍低，但有些有經驗的釀酒師，可以用高超的技術，稍微彌補和調整葡萄糖度的不足，讓釀出來的酒依然能有亮眼的表現。

圖 3-63　馬德拉酒

二、單寧

單寧（Tannin）是普遍存在許多植物中的酚類物質，亦稱鞣質或鞣酸，是一種植物本身防衛用的化學成分，用來防止蚜蟲的攻擊。單寧來自葡萄皮、葡萄籽和葡萄梗，或儲存的橡木桶中，因此紅酒會有較多的單寧，而白葡萄酒去籽、去皮，單寧較少。單寧是形成紅酒個性與特色的要素，帶給紅酒複雜的口感，也決定紅酒的風味、結構和質地，可說是紅酒口感的重要支柱。

單寧會使紅酒入口後口腔感覺乾澀，口腔黏膜會有褶皺感，跟喝濃的冷茶感覺很像。這是因爲單寧接觸到唾液時，唾液會變得乾、潤滑不足，使口腔會縮緊，產生一種收斂性。因此單寧的多寡與集中度，可以決定酒的風味。單寧少的紅酒質地入口會比較輕薄；單寧高的紅酒，入口時收斂的感覺會變強。入口收斂的感覺，除了單寧的濃度，單寧的品質也有影響，單寧品質好的紅酒入口會比較柔順；品質差的單寧，入口則會感覺粗糙。

單寧對紅酒的複雜度與陳年潛力至關重要，單寧高的紅酒具有陳年的實力。單寧會在陳年的紅酒中不斷發展，再加上單寧是非常好的抗氧化劑，可以讓紅酒在陳年的過程中不會醋酸化，因此高單寧的紅酒才禁得起歲月的考驗。而在陳年的過程中，單寧會與其他的分子結合，改變結構，紅酒會變得更有風味與層次。（圖 3-64）

圖 3-64 紅酒藉著陳年增添層次和風味

三、酸

葡萄不只會甜，還會帶點酸（Acidity），因此酸度也是葡萄酒中不可或缺的角色。葡萄酒的酸來源主要來自酒石酸、蘋果酸和檸檬酸（圖 3-65）；酒石酸可以保持葡萄酒的色澤，濃度取決於葡萄品種和葡萄園的土壤。發酵時酒石酸大多會溶入葡萄酒中，成為形成葡萄酒的口感的樞紐。

圖 3-65　酸對白酒的結構相當重要

蘋果酸也會因為葡萄品種不同，而有不同濃度。葡萄剛開始結果時濃度最高，但隨著葡萄的成熟，蘋果酸就會逐漸被代謝掉，尤其以暖和的天氣特別明顯，因此氣候偏寒冷的葡萄，蘋果酸的特徵就會比較明顯。由於蘋果酸比較青澀，且會與單寧衝突，釀酒時會以乳酸發酵，將蘋果酸轉為柔和的乳酸。而含有檸檬酸的葡萄品種較少，大部分會在發酵作用中去除。

發酵後的葡萄酒會含有乳酸和醋酸，前面提到的乳酸是由蘋果酸發酵而來，可以消除蘋果酸的澀味，柔和酸味，並增添葡萄酒的層次。而醋酸是酵母菌在發酵時的自然產物，但基本上聞不太出來，也喝不太出來，但萬一葡萄酒暴露在空氣中，醋酸菌會把酒精轉化為醋酸，這時酒就會氧化變質，產生明顯的醋酸味，這瓶酒就開始變質了。

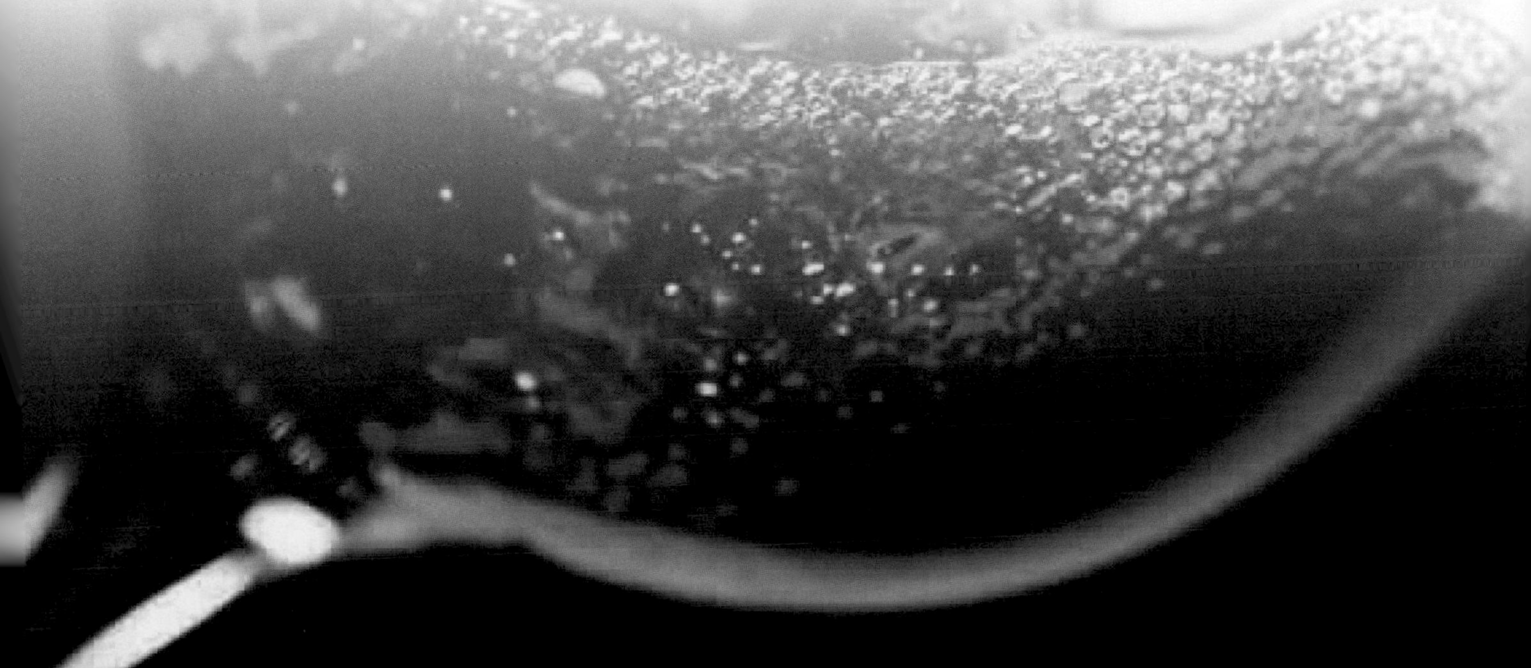

在品飲上，沒有適當的酸，酒的味道會變得呆板無趣，個性不夠明顯清晰。一般白酒的酸度會比較明顯，會讓酒喝起來更為活潑、層次更鮮明。適當的酸，在酒的結構中顯得重要，尤其是甜味重的白酒，也需要有適當的酸平衡口感。

紅酒雖不像白酒要有比較有明顯的酸度，但必須與單寧取得平衡，高酸度會加強單寧的收斂作用，因此高單寧的紅酒，酸度不能太明顯；但低單寧的紅酒需要酸度，讓單寧明顯，例如薄酒萊新酒。一般酸度會隨著紅酒的陳年而不斷的發展，轉為柔和的乳酸，因此酸度也會影響紅酒陳年的實力。

四、酒精

酒精（Alcohol）是讓口感豐富的要角。葡萄酒在發酵的過程中會產生酒精，一般而言，酒精度太高的話，酵母菌會無法存活，因此一般紅酒的酒精度大概都不會超過16%。酒精成分不只關係著喝的人會不會比較快醉倒，其實跟酒的結構也有關係，酒精度低的酒，喝起來會比較清淡，以德國的白酒為例，酒精度大概都在10%左右，喝起來感覺比較清爽。再拿酒精度比較低的薄酒萊新酒和酒精度在15%以上的希哈紅酒做比較，明顯就會感到差異，前者比較清淡爽口，後者則是濃郁厚重。

WINE OF SOUTH AFRICA

第四章
葡萄酒產區－舊世界

舊世界各國葡萄酒分級制歷史已相當久遠，發展至今除了舊世界各國的分級制，歐盟也發展出一套分級制度，只是歐盟這套分級制的評鑑對象，不是單純評鑑葡萄酒，也評鑑奶酪、火腿、海鮮…等農產品。例如：法國藍紋洛克福乳酪（Roquefort Cheese）、英國普利茅斯琴酒（Plymouth Gin）、希臘卡拉馬塔黑橄欖（Kalamata Olives）、義大利莫德納的傳統巴薩米克醋（Aceto Balsamico Tradizionale di Modena）、西班牙的塞拉諾火腿（Jamón Serrano）、義大利的莫扎瑞拉乳酪（Mozzarella Cheese）、德國呂貝克杏仁糖（Marzipan）、義大利西西里血橙（Sicilian Blood Orange）、義大利拿坡里披…等。

歐盟的分級對象、方法、目的，是為確保只有眞正原產於該區域的產品，能在商業行為中被識別。2008 年，歐盟提出以具「地理標誌」與「傳統特色」作為識別方式，並於 2009 開始執行。該方案執行至 2012 年 11 月 21 日，歐洲議會與理事會召開並通過《農產品和食品質量計畫》，以第 1151 / 2012 號《歐盟法（European Union Law）》為此計畫提供法源依據，制訂 3 個分級系統，包括：「原產地名稱保護標誌（Protected Designation of Origin, PDO）」、「地理標示保護標誌（Protected geographical indication, PGI）」及「傳統特產保護標誌（Traditional Specialty Guaranteed, TSG）」（圖 4-1），以促進與優質農產品和食品保護。通過這 3 個系統認證、註冊的產品，可標示該系統的標誌，以幫助識別這些產品的來源地。

PDO 標誌

PGI 標誌

TSG 標誌

圖 4-1　歐盟農產品與食品分級標誌

歐盟對農產品與食品質量分級認證的目的，是為了保護食品來源地的聲譽，幫助活絡農村與農業。當然，也可作為生產者產品正宗性的判別依據，而獲得較高評價，並消除非正品或劣質品的不正當競爭及對消費者的誤導。 目前，歐盟的 PDO、PGI 系統與指定國家或地區所使用的系統是並行的。

一、PDO －原產地名稱保護標誌

指產品依「原產自特定城市、大區或國家」，「商品品質」與「商品特色」源自於地理因素、傳統技法等人為因素，即「風土」因素等，所造成的產品特色。受此分級者，可標示 PDO 專用標章。

受保護的原產地名稱，可能是以一個地區名稱、一個特定地點名稱，或是特殊情況下的國名，用作農產品或食品的名稱。

1. 來自○○○的地區、地方或國家。
2. 質量或特性很大程度或完全受地理環境影響，包括自然和人爲因素。
3. 生產、加工及製備，須在確定的地理區域進行。

換句話說，要獲得 PDO 標章，產品須完全在特定區域內，按照傳統方式製造（準備、加工及生產），從而獲得獨特的屬性。

知識酒窖

歐洲聯盟（European Union）的起源，約可追溯至 1952 年立的歐洲煤鋼共同體，當時是由 6 個成員國組成。1958 年，擴大成立歐洲經濟共同體與歐洲原子能共同體。1993 年，依簽訂生效的《馬斯垂克條約》成立歐盟，並由貿易實體擴變爲經濟與政治的聯盟，從 1973 ～ 2013 年，歐盟進行了 8 次的擴展歷程，成員國從初始的 6 國不斷擴增，爲數最多時曾有 28 個成員國。

二、PGI －地理標示保護標誌

保證產品源自特定地理區，具有獨一無二的特徵與品質，所以考量點是產區地理因素造就的產品。PGI 判別項目排除人爲的製程、技法及傳統等因素，標章標明生產、加工和製備全都在指定的地理區域內進行，並使用本地生產者認可的技術與相關地區生產的配料。受保護的地理標誌是一個地區名稱、一個特定地點的名稱，或者在特殊情況下是一個國家名稱。所以，標示此標識也具有保證作用，只有眞正出產於某個區域的食物，才可以以此區域的名義出售，以保護食物產地的名譽。

1. 用作對農產品或食品的描述。
2. 來自○○○的地區、地方或國家。
3. 具有可歸因於地理來源的特定品質、商譽或其他特徵資產。

生產、加工或準備階段中，至少一個階段發生在該地區。

換句話說，要獲得 PGI 地位，整個產品必須按照傳統方式，在特定區域內至少部分製造（準備、加工或生產），從而獲得獨特的特性。

PGI 認證基準類似於歐洲行之多年的國家產區系統，如法國「法定產區管制（Appellation d`Origine Contrôlée, AOC）」、義大利「法定產區（Denominazione di Origine Controllata è Garantita, DOCG）」……。目的在保護葡萄產區的品牌，而詳細規定與產區相關的各種條件，例如葡萄品種、酒精濃度、葡萄種植與篩選方法、收成量、釀造方法與條件等。

三、TSG －傳統特產保護標誌

分級不限制產地，要求生產原料、製程方法，須符合代代傳承的要求，以區隔市場上模仿商品。產品須爲傳統產品，具有獨特的特色，例如產品的口味、風味、配方、製程…等爲獨特性產出。依 TSG 系統，農產品或食品以超過 30 年的祖傳配方或生產技法所生產的產品，即可申請 TSG 認證。

第一節　法國

法國葡萄酒執世界牛耳，是全球最佳的葡萄酒生產國。1935 年法國成立國立原產地暨品質研究所（Institut national de l'origine et de la qualité, INAO）規範了歐洲葡萄酒品質，分 4 等級，2011 年改成 3 等級，簡單介紹如下：

1. 法定產區葡萄酒（Appellation d'Origine Protégée, AOP）：最高級別，原產地的葡萄品種、種植數量、釀造過程和酒精含量等，都須專家認證。只採用原產地種植的葡萄釀製，不可以摻雜其他地區的葡萄。
2. 產區餐酒（Indication Géographique Protégée, IGP）：較好的日常餐酒。標籤上可標明產區，但釀製時，只能採用該產區的葡萄。依歐盟 Indication Géographique Protégée 分級，指受保護的地理標示。產區餐酒一般可分為大產區級、地區級及村莊級餐酒。
3. 日常餐酒（Vin de table, VdT）：最一般的葡萄酒，可採用不同地區的葡萄汁釀造。2010 年，更名為 Vin de France（VDF）。

法國葡萄酒除依 INAO 分級外，受產區特有風土條件、釀酒工藝、歷史傳統等影響，即受 Terroir（法文）影響，還有依產區分級（Appellation d'origine contrôlée, AOC）的大產區級、地區級、村莊級，以及依根據歐盟法規制訂的原產地名稱保護（Protected Designation of Origin, PDO）、地理標示保護（Protected geographical indication, PGI）及傳統特產保護（Traditional Specialty Guaranteed, TSG）3 個分級系統（詳見附錄四）。

法國共有十大著名的葡萄酒產區，分為：波爾多（Bordeaux）、羅亞爾河谷（Loire Valley）、香檳區（Champagne）、隆河谷（Rhone Valley）、阿爾薩斯（Alsace）、勃根地（Burgundy）、西南產區（South West France）、普羅旺斯（Provence）、隆格多克（Languedoc）、胡西雍（Roussillon）。以下分別做介紹：

一、波爾多（Bordeaux）

波爾多位於法國西南部，被三條大河切割開，來自中央山地的多爾多涅河（Dordogne）和源自比利牛斯山的加隆河（Garonne）在波爾多交匯，形成吉隆特河（Gironde）流入大西洋。波爾多葡萄酒產區大致分左岸、右岸，而位於加隆河和多爾多涅河兩條大河間的產區，稱兩海之間（Entre · Deux · Mers），這三大產區更代表了風格各異的波爾多葡萄酒世界。

左、右岸分布著許多知名酒莊，出產全球最頂級、耐久存的佳釀，最好的酒可陳年達百年以上，左岸以卡本內．蘇維濃著稱，混合部分的梅洛；而右岸則以梅洛爲主，搭配卡本內．弗朗；白葡萄的品種則以榭密雍最著名，以索甸區的甜白酒最頂級。兩海之間土壤以石灰質和沙質爲主，主要生產較清淡的紅酒和不甜白酒，因爲地理位置偏南，也有品質相當優良的半甜白酒和貴腐酒。

波爾多葡萄酒的分級以 1855 年因巴黎萬國博覽會的酒莊排名最爲著名，當時酒莊都在梅多克（Médoc）產區，只有 Château Haut・Brion 在格拉夫區（Graves）酒莊。分級直到 1973 年才有修訂，無論酒莊是否更名易主，分割或合併，均保持最初評定的等級；唯一例外是 Château Mouton・Rothschild，因主人菲利浦男爵（Baron Philippe de Rothschild）幾十年的努力，從原來的二級酒莊晉升爲一級酒莊，一級酒莊的數量也從最初的 4 家增加到 5 家，這 5 家一級酒莊就是人們常說的「波爾多五大酒莊」。

知識酒窖

波爾多葡萄園種植特色

波爾多的葡萄園通常採高密度種植，葡萄枝條會綁在離地面較低的鐵絲上，地面反射的熱量有助葡萄熟成。（圖 4-2）好的酒莊會設定葡萄樹的更換周期，確保釀造頂級酒的葡萄樹齡都在 20 年以上；也不惜降低產量，以獲取最高品質的葡萄。爲確保採收的葡萄品質，頂級酒莊不採用機械採摘，堅持手工採摘和分揀。

圖 4-2　波爾多葡萄園

1855 年的分級制中包含有索甸分級制、梅多克中級酒莊分級制，以及梅多克中級酒莊分級制。

索甸分級是索甸區的甜白酒有不同的分級方式，分爲優等一級酒莊（Premier Cru Supérieur）、一級酒莊（Premier Crus）和二級酒莊（Deuxièmes Crus）等三級。其中優等一級酒莊只有一家 Château d'Yquem。

梅多克中級酒莊分級制是波爾多的梅多克產區另有一種「中級酒莊」（Cru Bourgeois）的分級制度，約從 1932 年起開始發展，主要是相對於 1855 年列級酒莊。將酒莊分爲三級：CrusBourgeois Supérieurs Exceptionnels、Crus Bourgeois Supérieurs、Crus Bourgeois。這套分級制度一直引起許多爭議，直到 2007 年，評定爲中級酒莊的葡萄酒，代表品質，並不代表級別，也就是說，梅多克的酒莊，只要酒莊依照葡萄酒的生產規則，品質達到標準，就可以被認定爲中級酒莊，且每年由獨立機構進行一次認定，梅多克產區內所有的酒莊均可以申請認定。

而聖愛美濃分級制是 1855 年分級制中沒有選到波爾多右岸的酒莊，因爲經銷商不同而沒有被列入。1955 年，聖愛美濃完成自己的分級制度，分爲一級特等酒莊（Prémier Grand Cru Classe）和特等酒莊（Grand Cru Classe）兩種

波爾多產區內也有一些比較新的法定產區，散布在吉隆特河谷周邊的丘陵台地上，這些產區通常面向南和西南，生產果香甜美的葡萄酒，品質也相當不錯，雖然知名度不高，但物美價廉，適合日常飲用。

波爾多大部分的葡萄園通常是一片土地歸爲個人所有，土地上還建有一座城堡或房子，這樣的地產都被稱之爲酒堡或酒莊（Chateau），波爾多地區葡萄種植面積達 11 萬 7,500 公頃，有 8,000 多個不同的酒莊。多年以來酒莊會出售或購入一些土地，每個酒莊的大小都會改變，酒莊的名字更像品牌而不是特定葡萄園。

波爾多的葡萄園通常採用高密度種植，葡萄枝條會綁在離地面較低的鐵絲上，地面反射的熱量會幫助葡萄更好的成熟。好的酒莊還會定期計畫在葡萄園內進行葡萄樹的更換周期，確保園內用於釀造頂級酒的葡萄樹齡都在 20 年以上，並且會不惜以低產量獲取最高品質的葡萄。波爾多普遍運用機械採摘，但頂級酒莊則一貫堅持手工採摘和分揀，以確保獲得最高品質的葡萄。

二、勃根地（Bourgogne）

勃根地葡萄酒歷史始於西元 312 年，教會修士種植、釀造和生產葡萄酒，現今勃根地的很多名園都是教會所擁有和開闢。

勃根地位於法國的東部內陸地區，屬於典型大陸性氣候，冬天寒冷，春天有時會有霜凍和冰雹，夏天溫度高，秋天則顯得乾燥，非常適合葡萄的成熟。勃根地地形從北到南呈現細長條形，南北風格也有很大的差異。勃根地的土壤成分變化多端，主要爲石灰質土壤，適合種植夏多內和黑皮諾的最愛，最精華的葡萄園都位於金丘區東面向陽坡地上。勃根地葡萄酒大多採單一葡萄品種釀造，易突顯品種特色及年分差異感。勃根地還有種植加美和阿里哥蝶（Aligoté）品種，夏內丘（Côte Chalonnaise）的布哲宏（Bouzeron）是阿里哥蝶法定產區，釀出的白酒，充滿花香和柑橘風味。

勃根地葡萄酒的分級系統在 1935 年才建立，有 100 個以上的法定管制產區（AOC），

勃根地的 AOC 完全是靠自然條件和風土條件畫分級別，只有地理條件最好的葡萄園才能評爲最高的級別，代表勃根地對葡萄酒品質的堅持，與波爾多是根據不同酒莊評等分級有所區別。勃根地的分級如下：

1. 地區級法定產區（Appellation régionale、Regional appellation）：地區級葡萄酒是勃根地最一般級別的葡萄酒，有 23 個法定產區，占總產量的一半以上，除了馬貢地區（Mâconnais）之外，地區級酒的命名有一定的原則：

（1）酒標上的 AOC 名稱都會標註 Bourgogne，也就是勃根地的法文原文。

（2）根據釀造方法、產區位置、酒色和品種不同會在 BOURGOGNE 後面增加標示。

2. 村莊級法定產區（appellations communales、villages ou locales AOC、Village appellation）：勃根地有 400 多個產酒的村莊，其中有 44 個自然條件最好、葡萄酒品質最佳、風格最具代表性的村莊被評為村莊級，占總產量的三分之一以上。村莊級的葡萄酒可以直接用村名來命名，如著名的夏布利（Chablis）是大產區名也是村莊名，位於金丘（Côtes d'Or）的著名村莊玻瑪（Pommard）。
3. 一級葡萄園（Premier Cru）：在村莊級的 AOC 產區內，再對葡萄園進行更高一層的分級，村莊內條件最好的葡萄園被評為一級葡萄園（Premier Cru）。產自一級葡萄園的葡萄酒，酒標上會標上村莊名和一級葡萄園 Premier Cru 或 1er Cru，後面加上葡萄園的名稱；而有些一級葡萄園的葡萄酒，是來自同一村莊的數個一級葡萄園，因此不會標註單一葡萄園的名稱，僅標註酒廠名。
4. 特級葡萄園（Grand Cru）：特級葡萄園代表著勃根地的最高榮譽，也代表著勃根地最上等的葡萄園和最好的自然條件，生產出勃根地最精彩的好酒。特級葡萄園標籤上需要註明 Grand Cru 字樣，例如香貝丹特級葡萄園（Chambertin Grand Cru）、蜜思妮特級葡萄園（Musigny Grand Cru）、蒙哈榭特級葡萄園（Montrachet Grand Cru）。

三、羅亞爾河谷（Vallée de la Loire, Loire Valley）

羅亞爾河谷產區面積橫越法國中部至西部，氣候從溫濕的海洋性氣候到內陸大陸性氣候都有，也造成沿岸的葡萄酒有著各自獨特的風味，是法國唯一從紅葡萄酒、白葡萄酒、粉紅葡萄酒，到氣泡酒與甜白酒都有生產的產區。葡萄酒產業以家族小本經營為主，全區 70%的產量獲得法定產區酒（AOCs）及優良地區餐酒（VDQS）認可，但較少採用當地分級制度。

葡萄種植業約始於西元 380 年，12 世紀再由教會修士發展起來。主要的白葡萄品種有白梢楠、白蘇維濃和蜜思嘉，白蘇維濃多用來釀製不甜氣泡酒及甜白酒。主要的紅葡萄品種有卡本內 · 弗朗、果若（Grolleau）、加美和黑皮諾。

四、隆河谷(Vallée du Rhône / The Rhône Valley)

隆河（Rhône）是法國重要的河流，是連接地中海、北歐和大西洋的重要通道，自古就是法國內陸貿易最重要的河道。羅馬帝國時期開始在隆河谷的羅第丘（Côte Rôtie）

和艾米達吉（Hermitage）陡峭坡地種葡萄。14 世紀時，教廷遷移到隆河南部的亞維農（Avignon），也打響了隆河谷葡萄酒的名聲，而有教宗的酒、教皇新堡葡萄酒的稱呼。20 世紀初，有不法商人盜冠教皇新堡的名義，使教皇新堡葡萄酒名聲陷入危機，於西元 1923 年制定教皇新堡葡萄酒生產釀造規範，要求釀造方式須依傳統製程，可說是法國 AOC 制度的雛形。

隆河由北向南，從法國中部一直延伸到地中海附近，分南、北兩塊。隆河谷以生產紅葡萄酒爲主，北隆河氣候受山峰影響，較爲溫和，土壤由坡地底部倒塌的花崗岩泥石構成，適合白葡萄品種克雷耶特（Clairette）和蜜思嘉生長。

五、阿爾薩斯（Alsace）

阿爾薩斯位於法國北部，地理位置已接近葡萄酒生產的極北界限，西邊是弗日山脈（Vosges Mountains）。阿爾薩斯位於背風面，雨量非常少，是全法國年雨量最少的地區，東邊是萊茵河（Rhine River）和德國黑森林地區，形成一帶狀狹長的地形，南邊稱上萊茵（Haut Rhin），北邊稱下萊茵（Bas Rhin）。地形上，高度差異大，土壤也隨著高度有不同變化，海拔較高的坡地，土壤多爲花崗岩、片岩、砂岩和火山沉積物；海拔較低處，則是以黏土、石灰岩和泥灰岩爲主。一般葡萄園挑選的地勢高度，以海拔 175 ～ 420 公尺間爲主。葡萄園的坐向和坡度，也是影響本產區葡萄酒釀製的重要因素，面南的坡地日照長，面向東南的坡地更可保護葡萄園，避免弗日山脈的山風傷害。

葡萄酒的歷史可以追溯至西元 2 世紀，但因統治權一直在德、法間轉移，以致生產狀況不穩定。阿爾薩斯葡萄酒須標示葡萄品種，是法國唯一標示葡萄品種的法定產區，80％以上都有標示，瓶子維持傳統瘦長瓶形，也是相當具有特色，非常容易分辨。1962 年，阿爾薩斯納入法定產區管制，相較於其他產區偏晚。

阿爾薩斯的葡萄酒以白酒爲主，並生產傳統香檳法釀造的氣泡酒。葡萄品種以麗絲玲、格烏茲塔明那、灰皮諾、蜜思嘉爲主。阿爾薩斯因爲天氣涼、易有霜害，無論哪一種葡萄，在這裡都很難種，結出葡萄易有發育不良、落果的問題，而影響葡萄酒品質。

六、香檳區（La Champagne）

香檳是法國飲食文化及工藝中的傳奇，香檳區種植葡萄的歷史可追溯到西元 5 世紀的羅馬時代，但 17 世紀晚期才出現香檳。Champagne 專指法國香檳區的氣泡酒，採瓶中兩次發酵的傳統釀製法，稱香檳製造法（Méthode Champenoise），由葡萄農、釀酒廠、合作社和政府代表組成的香檳酒專業委員會（Comité Interprofessionel du Vin de

Champagne, CIVC）制定一系列的規定。大多只採夏多內、黑皮諾和皮諾莫尼耶（Pinot Meunier）3種葡萄品種釀製。香檳的存量、銷售都有紀錄，是全世界管理最嚴格的法定產區，以保證每一滴香檳的品質。

香檳區的土壤為白堊岩，這是一種石灰岩，表層有一層薄土，這種土壤的特性是排水佳，又可以保留適當的濕度，種出來的葡萄酸度高，是生產香檳的絕佳環境。

知識酒窖

放血法（Saignée）

葡萄酒發酵過程，為調整皮和汁的比例，從中抽出部分酒汁，這些酒汁顏色較淺，有葡萄汁般的口感，多用來釀造粉紅酒，是普羅旺斯葡萄酒的特色。普羅旺斯葡萄酒75%是粉紅酒，大部分含「放血法」酒汁。

七、南法的葡萄酒

法國南部葡萄酒近年搶攻平價酒市場，重要產區包括普羅旺斯、隆格多克、胡西雍、西南產區。

（一）普羅旺斯

普羅旺斯的葡萄酒歷史從古希臘、古羅馬時期開始，西元前2世紀就有輸出葡萄酒到羅馬的歷史紀錄。普羅旺斯的北邊是隆河河谷，南邊面向地中海，屬於典型的地中海氣候，夏天乾燥炎熱，冬天溫暖潮濕，一年有3,000小時以上的日照，加上北邊吹下來的密史脫拉風，是葡萄樹能長時間保持乾燥的有利條件。靠海的地區，土壤土質偏向石灰岩、片岩和石英，而內陸土質富含黏土和礫砂。

常見紅葡萄品種有：格那希、希哈、慕維得爾（Mourvèdre）、卡利濃（Carignan）、仙梭（Cinsault）等；白葡萄品種有：源自義大利的白于尼（Ugni Blanc）、克雷耶特（Clairette）等；而當地特有品種有：帶泥土味的提布宏（Tibouren）。

（二）隆格多克與胡西雍

隆格多克與胡西雍位於法國西南部，西元前125年就有葡萄園。隆格多克因遍布葡萄樹，有法國「葡萄酒吧」之稱，葡萄酒等級以地區餐酒（Vin de Pays）為主，約占法國餐酒產量的80%。隆格多克與胡西雍都屬於地中海型氣候，降雨少，每年最擔心的是乾旱，加上位於河海交會處，受乾冷的密史脫拉風與濕暖海風的交互影響，造成葡萄收成時易腐壞。土壤大部分為沖積土，少數含片岩及石灰岩。隆格多克的葡萄酒常混合許多葡萄品種，紅酒多會要求混合5種法國南方典型葡萄品種，包括格那希、希哈、卡利濃、慕爾維得和仙梭，且要求一定的混合比率，色澤深、單寧明顯、帶辛辣口感，又帶格那希和仙梭特有的果香，好入口。胡西雍主要出產紅葡萄酒和天然甜葡萄酒，及少量白葡萄酒和粉紅酒，其中較特殊的是天然甜葡萄酒（VDN）。

波爾多（Bordeaux）

左岸

聖愛斯台夫（Saint Estèphe）

- 氣候：位置偏北，氣候涼爽，屬於溫帶海洋性氣候。
- 土壤：土壤爲大量的黏土和少量。
- 葡萄品種：因卡本內 ・ 蘇維濃較難成熟，口感顯得乾澀堅實，愈來愈多的酒莊增加梅洛的種植比例，增加柔和和豐盈的口感。
- 代表性酒莊：玫瑰酒莊（Château Montrose）、愛斯圖內堡酒莊（Château Cos d'Estournel）、卡隆塞居堡酒莊（Château Calon Segur）。

梅多克（Médoc）

- 氣候：屬於溫帶海洋性氣候。
- 土壤：表土爲礫石，深層爲礫石或是帶有石灰岩和黏土的沙質土。
- 葡萄品種：卡本內 ・ 蘇維濃、梅洛、卡本內 ・ 弗朗…等爲主要品種。
- 代表性酒莊：有五大酒莊，其中有三大酒莊位於上梅多克區，最適合卡本內 ・ 蘇維濃成長，紅酒有著龐大結實的骨架，單寧強勁飽滿，口感厚重，需要超長的時間陳放，厚實中兼帶著細緻的風格。
  1. 拉菲堡酒莊（Château Lafite・Rothschild），產區爲波雅克（Pauillac）
  2. 拉圖堡酒莊（Château Latour），產區爲波雅克
  3. 歐布里雍堡酒莊（Château Haut・Brion），產區爲佩薩克 ・ 雷奧良（Pesscac・Léognan）
  4. 瑪歌堡酒莊酒莊（Château Margaux），產區爲梅克多的瑪歌堡（Médoc Margaux）
  5. 木桐堡酒莊（Château Mouton・Rothschild），產區爲波雅克

聖朱里安（Saint・Julien）

- 氣候：位置偏北，氣候涼爽，屬於溫帶海洋性氣候。
- 土壤：土壤是深厚的礫石。
- 葡萄品種：以卡本內 ・ 蘇維濃爲主，釀出的酒的風格較波雅克更加細膩優雅。
- 代表性酒莊：聖朱利安葡萄園面積只有 910 公頃，雖然面積小，卻有 11 個列級酒莊位於此處，其中有五個相當著名的二級莊：里維・拉・卡斯酒莊（Château Leoville・Las・Cases）、里維・玻荷堡酒莊（Château Leoville・Poyferre）、里維・巴頓堡酒莊（Château Leoville・Barton）、葛蘿拉・蘿斯堡酒莊（Château Gruaud・Larose）、杜克魯酒莊（Château Ducru・Beaucaillou）。

格拉夫（Graves）

- 氣候：屬於溫帶海洋性氣候，比起波爾多地理位置偏南，所以氣候更溫暖。
- 土壤：礫石混合沙質。
- 葡萄品種：梅洛、卡本內 ・ 蘇維濃爲主，白酒以白蘇維濃和榭密雍混釀。
- 代表性酒莊：歐布里雍堡酒莊（Château Haut・Brion）。

圖 4-3　波爾多葡萄產區－左岸

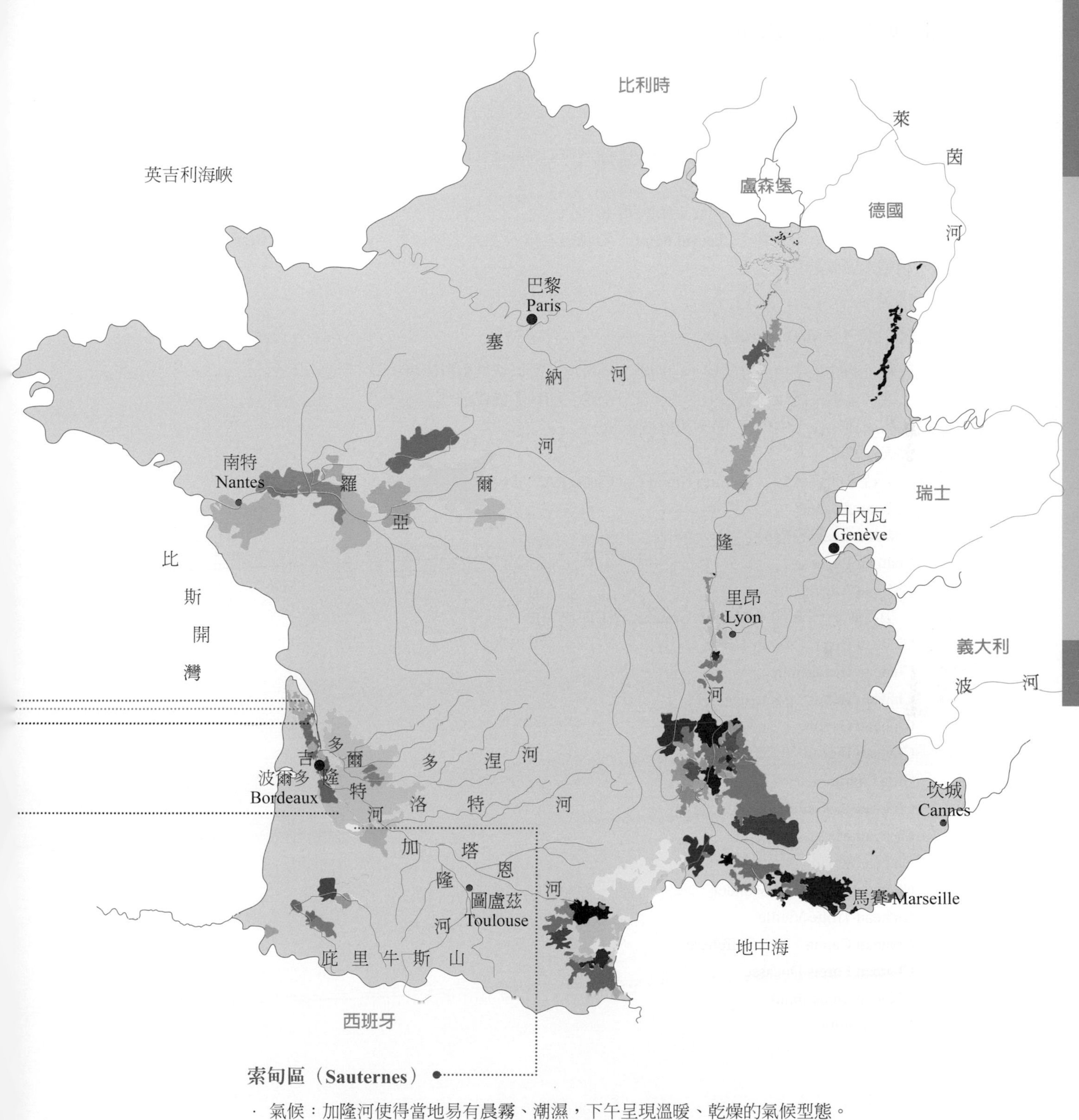

索甸區（Sauternes）

- 氣候：加隆河使得當地易有晨霧、潮濕，下午呈現溫暖、乾燥的氣候型態。
- 土壤：主要爲礫石混合沙質，下層爲石灰質黏土。
- 葡萄品種：白蘇維濃、榭密雍、密思卡黛樂（Muscadelle）。
- 代表性酒莊：最著名的就是天下第一甜酒 Château d'Yquem。

波爾多（Bordeaux）

右岸

波美候（Pomerol）

- 氣候：屬於溫帶海洋性氣候，但由於距離海洋相對較遠，所以氣溫相對涼爽。
- 土壤：以沙質和黏土層爲主。
- 葡萄品種：以梅洛和卡本內 · 弗朗 爲主。
- 代表性酒莊：彼德綠（Château Petrus）有酒王之稱， 另外老瑟丹堡（Vieux Château Certan）也是本區的翹楚。

聖愛美濃（Saint · Emilion）

- 氣候：屬於溫帶海洋性氣候，但距離海洋較遠，所以氣溫相對涼爽。
- 土壤：土壤主要以沙質黏土爲主，部分由礫石和黏土構成。
- 葡萄品種：以卡本內 · 弗朗和梅洛爲主。
- 代表性酒莊：

一級特等酒莊 A 組（Premier Grand Cru Classe –A）
Château Ausone
Château Cheval Blanc
Château Pavie
Château Angelus
一級特等酒莊 B 組（Premier Grands Cru Classe –B）
Château Beau · Séjour Bécot
Château Beauséjour
Château Bélair · Monange
Château Canon
Château Figeac
Clos Fourtet
Château La Gaffelière
Château Magdelaine
Château Pavie · Macquin
Château Troplong · Mondot
Château Trotte Vieille
Château Canon · la · Gaffelière
Château Larcis Ducasse
Château Valandraud
La Mondotte

圖 4-4　波爾多葡萄產區－右岸

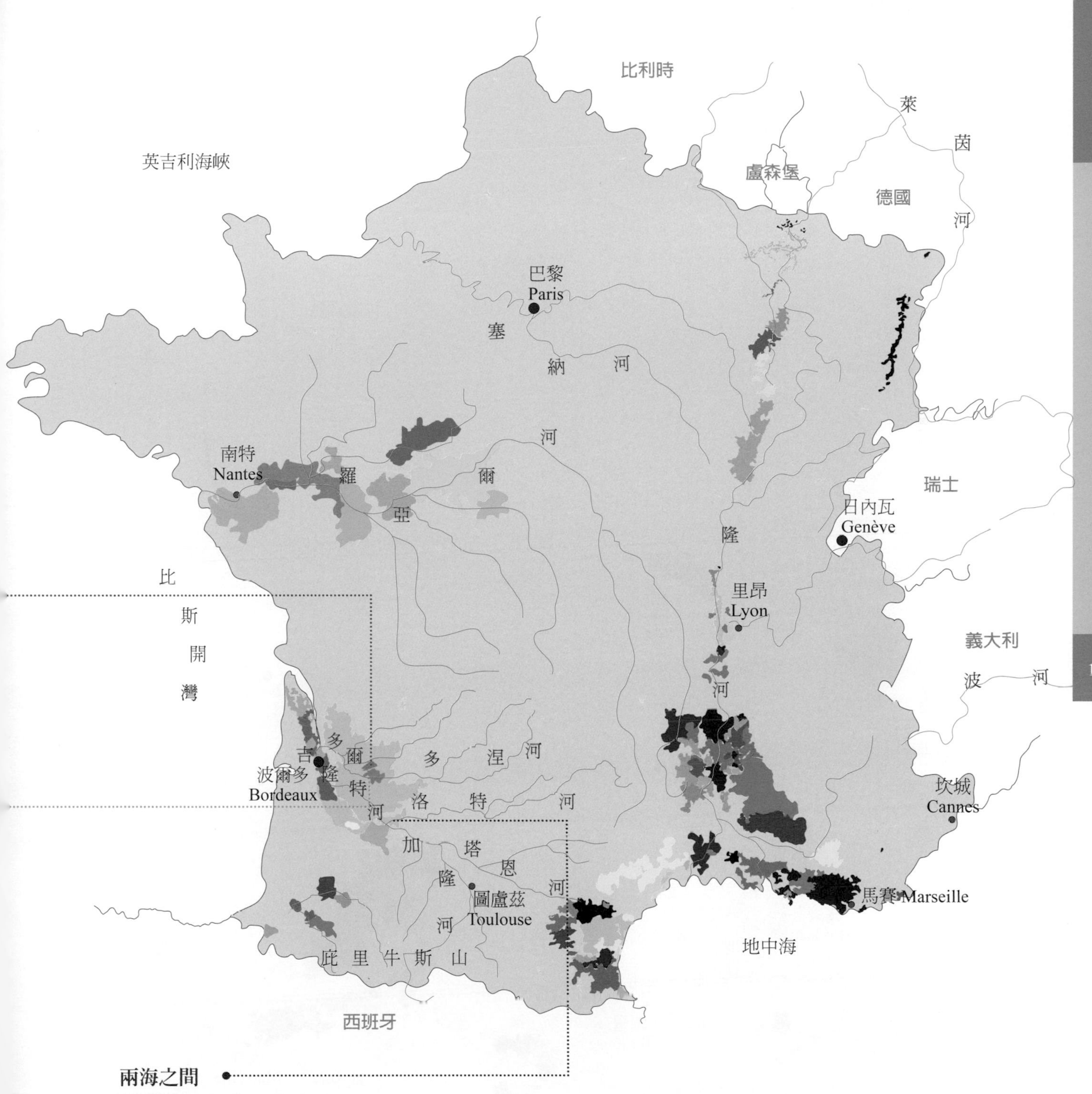

兩海之間

- 氣候：溫帶海洋性氣候。
- 土壤：以沙質和黏土層為主。
- 葡萄品種：白蘇維濃、榭密雍、密思卡黛樂
- 代表性酒莊：安德魯 ・ 勒頓 （Andre Lurton）是兩海之間（Entre・Deux・Mers）地區優質葡萄酒種植釀造工會的創始人。

勃根地（Burgundy）

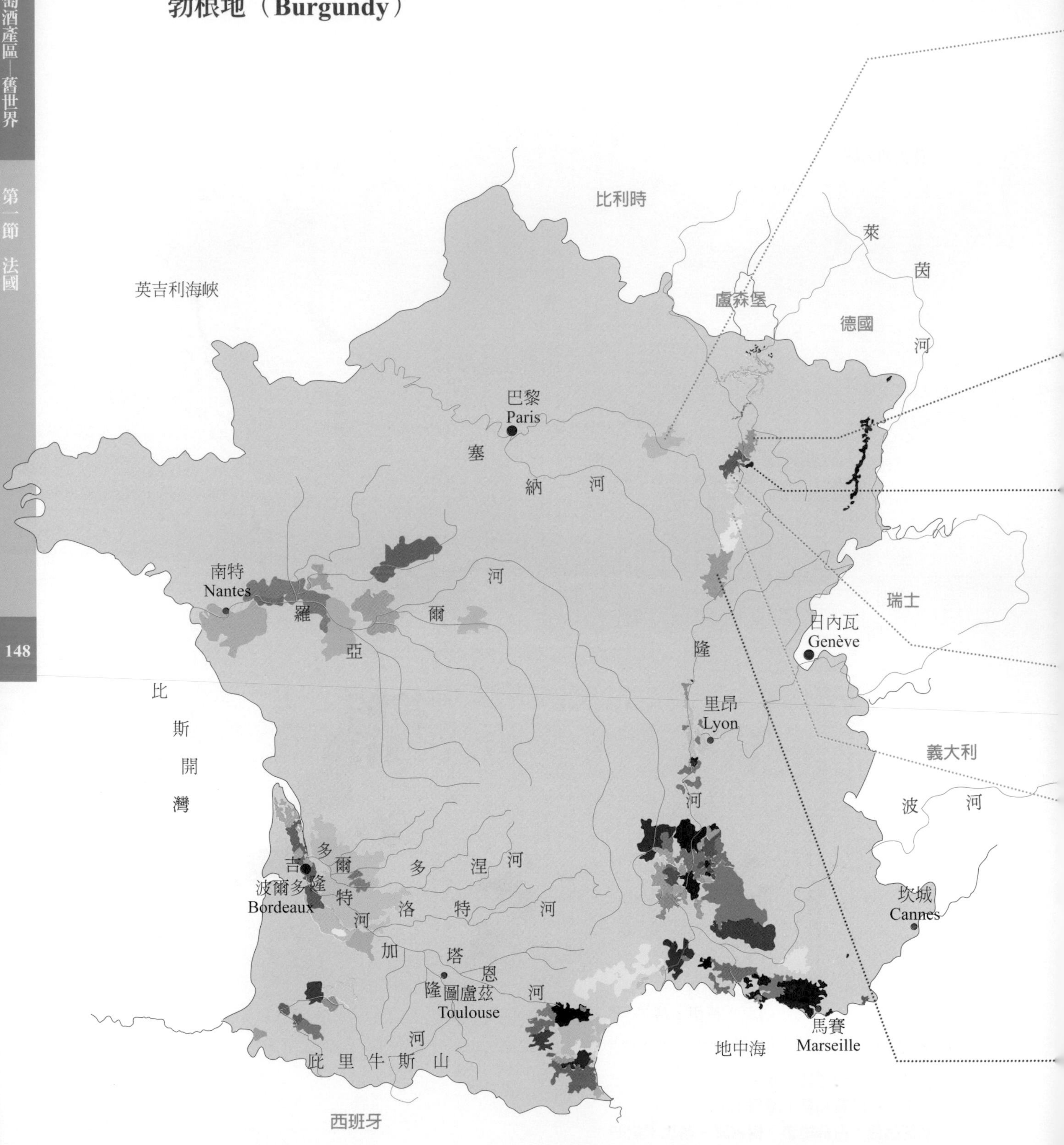

圖 4-5　勃根地葡萄產區

夏布利（Chablis）

- 氣候：屬於典型大陸性氣候，較爲涼爽且難以預測。冬天寒冷，春天會有霜凍，夏天溫度高，秋天乾燥。
- 土壤：由土層較厚的侏羅紀晚期啓莫里期（kimméridgien）的石灰岩層構成。
- 葡萄品種：單一葡萄品種夏多內。
- 代表性產區：有 7 處葡萄園地獲得了「特級」的稱號，分別是：克羅（Les Clos）、萊斯・布蘭科斯（Blanchots）、布果（Bougros）、青蛙（Grenouille）、普爾日（Preuses）、瓦密爾（Valmur）和瓦德西爾（Vaudesir）。

金丘（Côte d'Or）

- 氣候：屬於典型大陸性氣候，白天日照高溫，晚間涼爽。
- 土壤：土壤構成爲中侏羅紀時期的石灰質土壤。
- 葡萄品種：黑皮諾。
- 代表性酒莊：哲維瑞·香貝丹（Gevrey · Chambertin）、莫瑞·聖丹尼（Morey · Saint · Denis）、香波·蜜思妮（Chambolle · Musigny）、梧玖（Vougeot）、馮內·侯瑪內（Vosne · Romanée）、夜·聖喬治（Nuits · Saint · Georges）
- 精華產區：夜丘（Côte de Nuits）、伯恩丘。

伯恩丘（Côtes de Beaune）

- 氣候：屬於典型大陸性氣候，白天日照高溫，晚間涼爽。
- 土壤：土壤構成爲中侏羅紀時期泥灰質石灰岩，褐色的土壤中混合著一些石塊，也有一些葡萄園位於較陡峭的峽谷上。
- 葡萄品種：夏多內、黑皮諾。
- 代表性酒莊：波瑪（Pommard），沃爾內（Volnay），默爾索（Meursault），蒲林尼・蒙哈榭（Puligny · Montrachet），夏山・蒙哈榭（Chassagne · Montrachet），桑德內（Santenay）等。

夏隆丘（Côte Chalonnaise）

- 氣候： 屬於典型大陸性氣候 較爲涼爽。
- 土壤：石灰岩高地的斜坡。
- 葡萄品種：白葡萄有夏多內；紅葡萄有黑皮諾。
- 代表性酒莊：布哲宏（Bouzeron ）、乎利（Rully）、 梅克雷（Mercurey）。

馬貢（Mâconnais）

- 氣候：屬於典型大陸性氣候 涼爽氣候。
- 土壤：石灰岩高地的斜坡。
- 葡萄品種：夏多內白葡萄酒 少量的佳美紅葡萄。
- 代表性酒莊：普伊・富塞（Pouilly · fuissé）。

薄酒萊（Beaujolais）

- 氣候：典型的大陸型氣候，夏季炎熱，秋季漫長乾燥 。
- 土壤：土壤底層爲堅硬的花崗岩，礦物質含量豐富。
- 葡萄品種：加美。
- 代表性酒莊：杜博斯特（Chateau du Bost）、聖阿穆（Saint · Amour）。

羅亞爾河谷（Loire Valley）

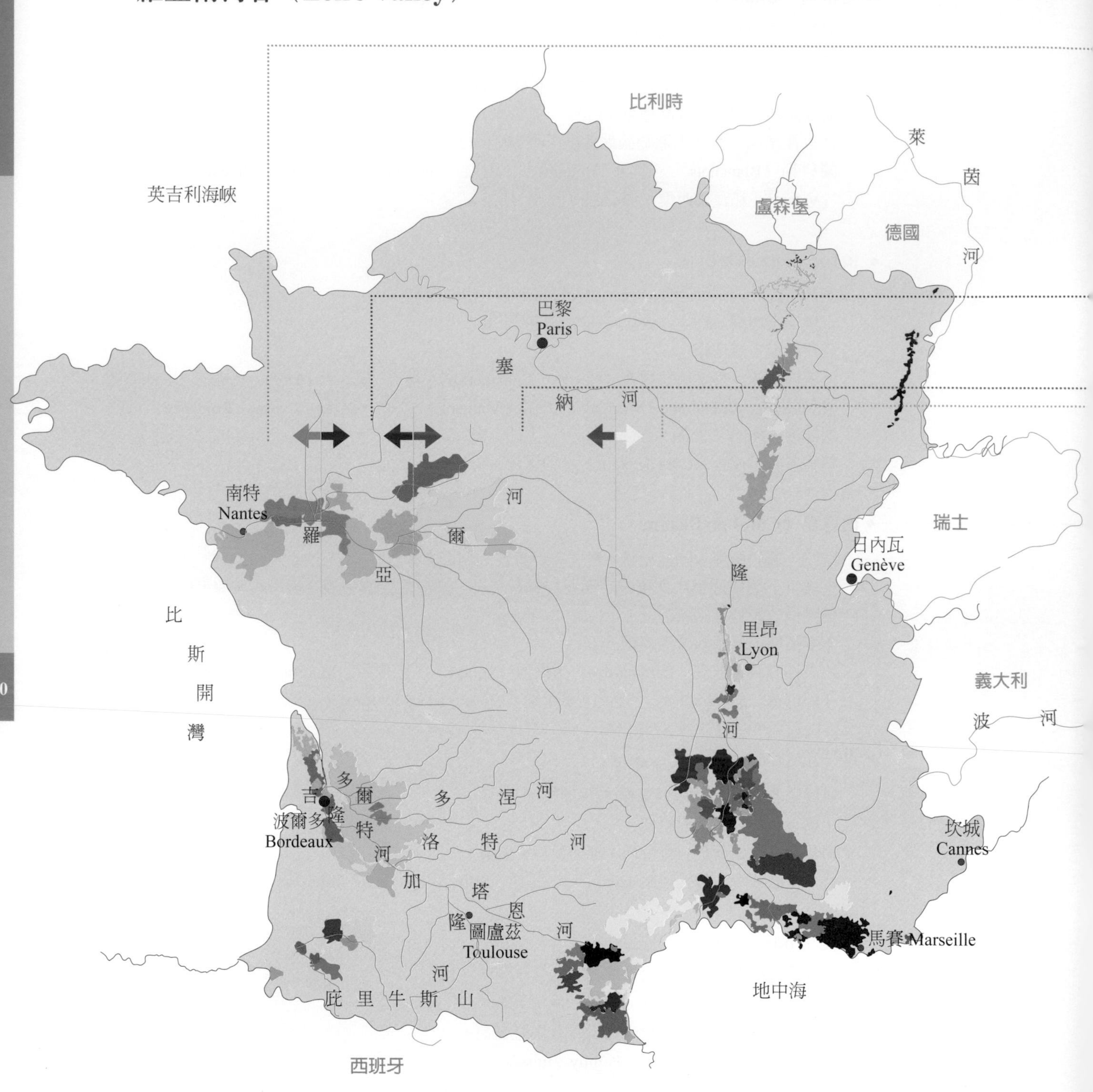

圖 4-6　羅亞爾河谷葡萄產區

南特（Nantes）

- 氣候：典型的海洋性氣候，終年溫和濕潤有時受大西洋風暴影響，溫度和濕度會出現較大的反差。
- 土壤：以花崗岩結構爲主。
- 葡萄品種：蜜思卡得（Muscadet）。
- 代表性產區：南特區最好的葡萄園在東部的塞弗梅（Sévre et Maine）。

安茹（Anjou）

- 氣候：雖然離大西洋比較遠，但是還是得益於海洋性氣候，冬天溫和，春天濕潤，秋天多雨。
- 土壤：主要爲片岩和中部特殊的碳酸鈣沈積物「石灰華」（Tuffeau, tufa）。
- 葡萄品種：主要種植的葡萄爲白梢楠、卡本內．弗朗、卡本內．蘇維濃、加美。
- 代表性酒莊：莎弗尼耶（Savennières）不甜白酒的著名產地 、萊陽丘（Coteaux du Layon）是最精彩的甜白酒產區。

都蘭（Touraine）

- 氣候：界於海洋性氣候和大陸性氣候間的過渡地帶。
- 土壤：以石灰岩爲主。
- 葡萄品種：紅葡萄有卡本內．弗朗；白葡萄有白梢楠。
- 代表性酒莊：希濃（Chinon）、布戈憶（Bourgueil）及布戈憶．聖尼古拉（St. Nicolas de Bourgueil）三個產區出產的紅酒都相當知名。

中央區（Centre Loire）

- 氣候：典型的大陸性氣候。
- 土壤：土壤結構爲石灰質黏土和石灰岩。
- 葡萄品種：白蘇維濃、黑皮諾。
- 代表性產區：松塞爾（Sancerry）、普伊．芙美（Pouilly．Fumè）。

香檳區（Champagne）

- 氣候：氣候涼爽，主要受到大西洋及英吉利海峽的影響。
- 土壤：白堊岩，一種石灰岩。
- 葡萄品種：夏多內、黑皮諾、皮諾莫尼耶（Pinot Meunier）。
- 代表性酒莊：唐培里儂香檳王（Champagne Dom Perignon）、羅蘭香檳（Champagne Laurent．Perrier）、酩悅香檳（Champagne Moet & Chandon）。

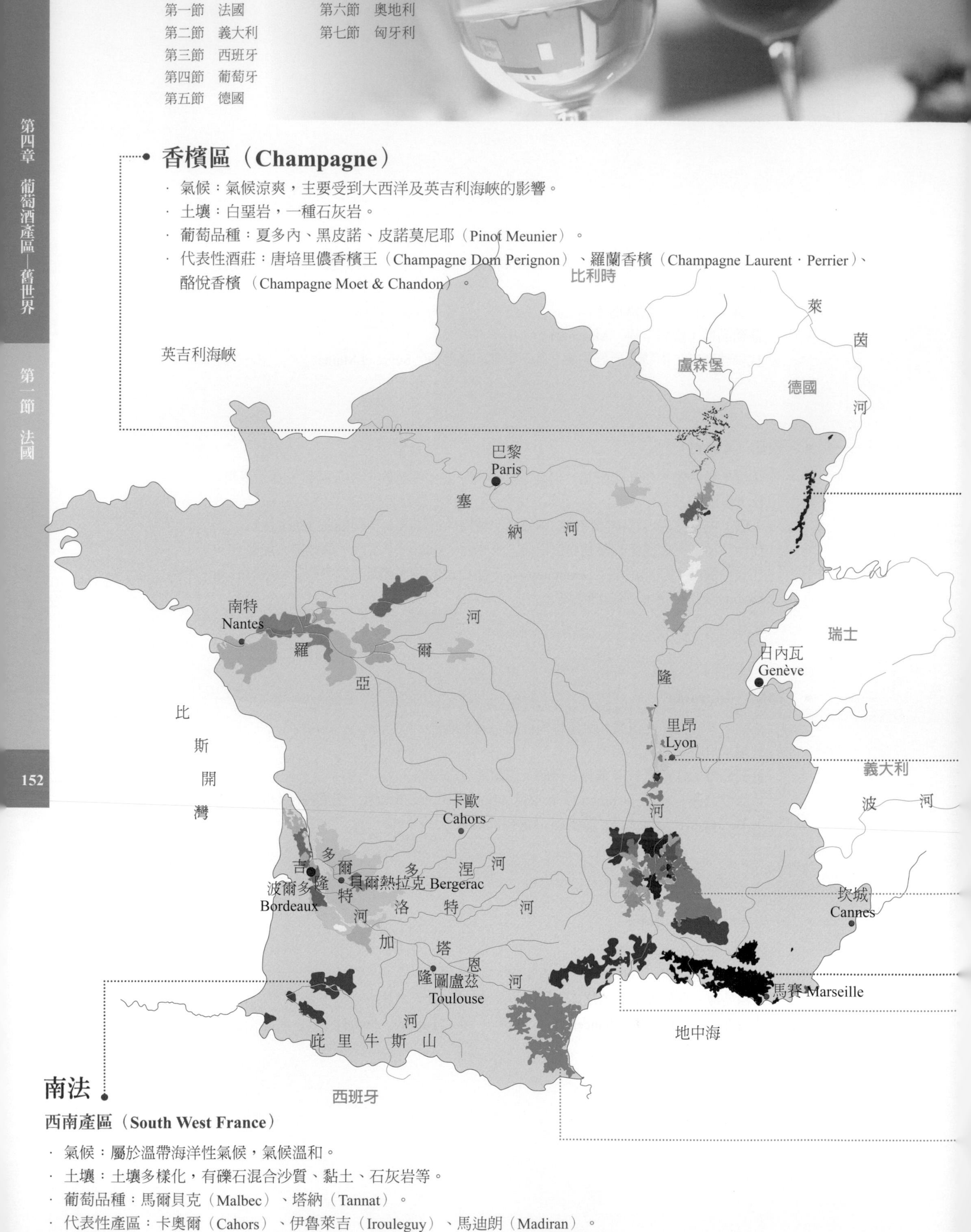

南法

西南產區（South West France）

- 氣候：屬於溫帶海洋性氣候，氣候溫和。
- 土壤：土壤多樣化，有礫石混合沙質、黏土、石灰岩等。
- 葡萄品種：馬爾貝克（Malbec）、塔納（Tannat）。
- 代表性產區：卡奧爾（Cahors）、伊魯萊吉（Irouleguy）、馬迪朗（Madiran）。

圖 4-7　南法與香檳區的葡萄產區

阿爾薩斯（Alsace）

- 氣候：屬於大陸性氣候，日照充足，氣溫炎熱乾燥，雨量少。
- 土壤：海拔較高的坡地土壤多爲花崗岩、片岩、砂岩和火山沈積物；海拔較低的坡地則是以黏土、石灰岩和泥灰岩爲主。
- 葡萄品種：高貴葡萄（Noble Varieties）、格烏茲塔明那、蜜思嘉、麗絲玲、灰皮諾。
- 代表性酒莊：雨果父子酒莊（Hugel & Fils）、特寧芭赫世家酒莊（Maison Trimbach）。

隆河谷（Rhone Vally）

北隆河

- 氣候：屬於大陸性氣候。
- 土壤：以淺層的花崗岩和板岩土壤爲主。
- 葡萄品種：希哈。
- 代表性產區：羅第丘（Côte Rôtie）、艾米達吉（Hermitage）、克羅茲・艾米達吉（Croze Hermitage）

南隆河

- 氣候：屬於地中海型氣候 氣溫高，夏季長，日照充足。
- 土壤：土壤種類多樣，以河流沖刷的土壤爲主，大部分爲黏土、石灰岩、礫岩等。
- 葡萄品種：格那希、希哈、慕維得爾、仙梭、胡姍。
- 代表性產區：教皇新堡（Châteauneuf・du・Pape）、吉恭達斯（Gigondas de Venise）。

南法

普羅旺斯（Provence）

- 氣候：屬於地中海型氣候，夏天乾熱，冬天濕暖，日照充足，也受到密斯特拉風影響。
- 土壤：靠海爲石灰岩、片岩和石英，靠內陸是黏土和礫砂。
- 葡萄品種：紅葡萄品種有格那希、希哈、慕維得爾、卡利濃、仙梭等，而提布宏（Tibouren）是當地特有品種，釀製的葡萄酒帶有一股泥土味。白葡萄品種有白于尼、克雷耶特（Clairette）等。
- 代表性產區：邦多勒（Bandol）、普羅旺斯丘（Côtes de Provence）。

隆格多克（languedoc）

- 氣候：地中海型氣候，受乾冷的密史脫拉風與濕暖海風交互影響，產生許多微氣候變化。
- 土壤：平原和谷地爲沖積土、礫石等，山丘主要爲片岩、頁岩和石灰岩。
- 葡萄品種：紅葡萄品種有希哈、慕爾維德、佳麗釀（Carignan）、格那希、仙俊；白葡萄品種有瑪珊（Marsanne）、胡珊（Roussanne）、蜜思嘉、白蘇維濃。
- 代表性產區：埃羅市（Hérault）、歐德市（Aude）。

胡西雍（Roussillon）

- 氣候：典型地中海型氣候，夏天乾爽炎熱、初春和秋季容易有雨、冬季溫和。
- 土壤：山丘地主要爲片岩和石灰岩，平原和谷地爲沖積土。
- 葡萄品種：紅葡萄品種有格那希、佳麗釀、慕爾維德；白葡萄品種有蜜思嘉、白梢楠、胡珊。
- 代表性產區：比里牛斯市（Pyrènèes Orientales）；而利穆（Limoux）產的氣泡酒及班努斯（Banyuls）產的天然甜葡萄酒，也相當著名。

第二節　義大利

當羅馬士兵的軍號響起時，除了帶上利劍和長矛，也將口袋裡的葡萄樹苗帶出去了。羅馬士兵將家鄉味道的葡萄酒一同前進征途，有著「葡萄酒舊世界裡的舊世界」稱號。

義大利的葡萄酒史，源自西元前八世紀時希臘人的引入，而在義大利發揚光大。義大利最早的葡萄種植記錄在中部的托斯卡尼（Tuscany，義大利文 Toscana），西西里島（Sicily，義大利文 Sicilia）、卡拉布里亞（Calabria）和普利亞（Apulia，義大利文 Puglia）都大量種植。

羅馬帝國不只把葡萄酒擴散到整個義大利，更因爲葡萄酒是羅馬軍隊重要的飲食之一，士兵都會帶著葡萄苗，當冬天紮營駐軍時，就種下葡萄。但羅馬帝國貴族喝的葡萄酒與我們現在認知中的葡萄酒不同，當時的葡萄酒攙有蜂蜜和香料，且可能是溫熱喝。羅馬人還發明了安芙蘭陶壺（amphora），改進了葡萄酒保存和運送的方式

羅馬帝國沒落後，釀造葡萄酒都局限在修道院，直到 13、14 世紀中產階級抬頭，地中海成爲貿易運輸樞鈕，而產生葡萄酒產業家族，如弗雷斯科巴第（Frescobaldis）和佛羅倫斯（Florence）的 Antinoris。

近年來，義大利新世代葡萄酒業者，開始釀製更爲清澈、細緻的葡萄酒，採用先進釀造技術，都有不錯的成績，尤其白葡萄酒成效更顯著。義大利的葡萄品種超過 1,000 種，依照氣候和土壤的不同，加上生產者的熱情和能力技術，在近年來重視品質的原則下，義大利已成爲世界上最具競爭力的產國之一。

義大利位於地中海，海岸線綿長，80%的土地是山和丘陵，地形、氣候變化較大，加上繁多的葡萄品種，生產出風味、性格獨特的葡萄酒。全國分爲 20 個產酒區，幾乎每寸土壤都適合種植葡萄。主要的葡萄酒產區分爲：西北、東北、中部以及南部四大區域。

西北的皮埃蒙特省（Piemonte）是酒中之王巴羅洛（Barolo）和巴巴瑞斯科（Barbaresco）的產區；東北部的威尼托（Veneto）出產性價比高的酒，如：Valpolicalla、Prosecco；中部有托斯卡尼，著名的奇提地（Chianti）的故鄉；南部的西西里島，氣候炎熱但火山岩土壤富含礦物質，出產個性十足的陽光葡萄酒是義大利葡萄酒產量最大的產區。

主要的葡萄品種包括曾提到的山吉歐維榭（Sangionvese）和內比歐露（Nebbiolo）外，另外還有巴比拉（Barbera）、多契圖（Dolcetto）；白葡萄品種則以灰皮諾（Pinot Grigio）、蘇埃維（Soave）、特比安諾（Trebbiano）與蜜思嘉（Muscat，義大利文爲 Moscato）爲主。

一、義大利葡萄酒的分級

義大利從 1963 年開始制定分級制度，在 1966 年實施，最初只有 DOC 和 VDT 兩個等級，1980 年增加了 DOCG，在 1992 年增加 IGT。氣泡酒、甜白酒也使用這個分級制度。義大利的葡萄酒分級制度相對比法國混亂，一般消費者無法直接從分級上判斷酒的品質和售價，也並未得到行業人士的認可，尤其 1971 年未採用義大利本土品種卻被奉爲「義大利酒王」的西斯佳雅（Sassicaia）橫空出世，再次證明了義大利的分級有待檢討。以下是義大利酒在 2009 年使用歐盟的法規所分出新的三個分級制度，取代 1992 年以來的分級制度：

1. Vino da Tavola（VDT）。
2. Indicazione Geografica Tipica（IGT）。
3. Denominazione de Origine Controllata（DOC）。
4. Vino Denominazione di Origine Controllata et Garantita（DOCG）：保證法定產區。

（一）DOC 法定產區（Vino Denominazione di Origine Controllata）

在指定的產區，用指定的葡萄品種，按指定方法釀造。從葡萄園種植到裝瓶都須符合 DOC 法規嚴格規定，葡萄到葡萄酒的產量也在規定的數值之內，相當於法國的 AOC。

（二）DOCG 保證法定產區(Vino Denominazione di Origine Controllata et Garantita)

截至 2014 年，義大利有 73 個 DOCG 產區，這是義大利葡萄酒等級中最高的一級。DOCG 是從 DOC 級產區中挑選品質最優異的產區再加以認證，接受更嚴格的葡萄酒生產與標示法規管制，DOC 產區至少要考核 5 年以上才能升級。DOCG 葡萄酒必須以瓶裝出售，酒瓶容量需小於 5 公升，酒標上會印有 DOCG 字樣，瓶口也常會出現紅酒以粉紅色；白酒以淺綠色，印有官方編碼的長形封條。其考核條件還包括：

1. 這個可能的 DOCG 產區已經生產了歷史上重要的葡萄酒。
2. 該產區生產的葡萄酒品質已經在國際範圍被認知，並且具有持續性。
3. 葡萄酒品質有了巨大提升並且受到關注。
4. 該地區生產的葡萄酒已經爲義大利經濟的健康發展做出巨大貢獻。

二、主要產區介紹

義大利是僅次於法國的第二大葡萄酒生產國，有 20 個葡萄酒的大產區，依照地理位置分類如圖 4-8

圖 4-8　義大利主要產區

皮埃蒙特（Piemonte）

- 氣候：屬大陸性氣候冬季寒冷，夏季炎熱。
- 土壤：非常多樣化，含鈣質的泥灰岩土質和白堊土壤為主。
- 葡萄品種：紅葡萄品種有奧羅（Nebbiolo）、巴貝拉（Barbera）和多切托（Dolcetto）等；白葡萄品種為蜜思嘉。
- 代表性產區：巴羅洛（Barolo）和阿斯堤（Asti）、巴巴瑞斯可（Barbaresco）

威尼托（Veneto）

- 氣候：氣候偏向大陸型氣候，日夜溫差大。
- 土壤：鈣質黏土為主。
- 葡萄品種：大部分種植當地原生的葡萄品種 Corvina、隆第內拉（Rondinella）、莫利納拉（Molinara）、普洛絲珂（Prosecco）、鐵必亞諾（Trebbiano）。
- 代表性產區：華普裡契拉（Valpolicella）、巴度裡諾（Bardolino）、索亞維（Soave）。

托斯卡尼（Toscana）

- 氣候：山區屬大陸性氣候，溫差大。丘陵和平原地區，特別是在海岸線附近，夏季涼爽，冬季相對溫暖和穩定；春季至秋季降雨充足。
- 土壤：Galestro（一種泥灰質黏土）和白堊岩為主。
- 葡萄品種：葡萄酒以山吉歐維榭釀造的紅酒居多。
- 代表性產區：奇安提（Chianti）、傳統奇安提（Chianti Classico）、蒙化其諾（Brunello di Montalcino）
- 代表性產區：蒙他普其亞諾（Montepulciano）。

知識酒窖

超級托斯卡尼酒與 IGT

超級托斯卡尼酒（Super Tuscan）並不是義大利官方葡萄酒的分級，只是酒評家的用語，原本是指一群重視聲譽的托斯卡尼高品質葡萄酒生產者，不願與現狀妥協，他們想要打破托斯卡尼葡萄酒就是草籃瓶奇安提（Chianti）的刻板印象，也想要挑戰早期傳統可以允許在 Chianti 中加入白葡萄的釀造法，及當局重視量而不重視質的觀念。

於是有兩個地區開始致力於提升品質，第一個是寶格利（Bolgheri）；另一個則是位於奇安提產區的拉達（Radda），維地那山丘酒莊（Montevertine）相信 Sangiovese 的潛力，以 100% Sangiovese 釀酒，以「Le Pergole Torte」名稱上市，被列為 VDT，因為奇安提產區不允許以 100% Sangiovese 釀酒。

這兩個極具爭議的案例，讓義大利新增 IGT 這個等級的葡萄酒，也讓托斯卡尼被視為高品質的葡萄酒產區。許多列為 IGT 的葡萄酒優質而卓越；但也有一些酒只是因列為 IGT 或被稱為 Super Tuscans 而儕身高價酒之列，酒卻無法反映出托斯卡尼的風土。

圖 4-9　維地那山丘酒莊的超級托斯卡尼紅酒

第三節　西班牙

西班牙的葡萄種植面積世界第一，共 120 萬公頃，葡萄酒產量世界第三。西班牙到處都種葡萄，但氣候又乾又熱，不一定適合釀葡萄酒，而創造出許多葡萄相關產品，如雪利醋和西班牙白蘭地。

西班牙葡萄種植史約可追溯到西元前 4000 年，據載，西元前 1100 年，腓尼基人開始種葡萄釀酒，也將西班牙的葡萄酒賣到全歐洲。

西元 711 年，摩爾人占領西班牙，雖然伊斯蘭教禁酒，但允許生產與販售，摩爾人也精進了製酒的蒸餾技術，而影響後來的白蘭地釀造，催生了雪利酒的誕生。

19 世紀中，根瘤蚜蟲病襲捲歐洲，由於西班牙的疫情到末期才受到影響，許多來自法國波爾多的釀酒師，利用法國產區休養生息時，到西班牙另尋生計，也將技術與經驗帶到西班牙，如利用小橡木桶發酵和熟成的技術，大大提升西班牙釀酒技術。

1872 年，釀酒師荷西 · 拉凡托斯（José Raventós）試著在西班牙釀製法國香檳，雖然失敗了，卻也將氣泡酒技術帶入，而有 CAVA 的產生，且 CAVA 的製造時間短，已成為世界最受歡迎的氣泡酒之一。

西班牙種植的葡萄品種多達 600 種，其中阿依倫（Airén）白葡萄產量最多，多用來釀製白蘭地，也還有許多當地的特色葡萄品種；近年來也引進主要的釀酒葡萄品種，如麗絲玲、白蘇維濃、夏多內、卡本內 · 蘇維濃、黑皮諾和梅洛等。

一、西班牙葡萄酒的分級

1972 年，西班牙農業部師法法國和義大利經驗，成立原產地名稱研究所（Institutode Denominaciónes de Origen, INDO）建立葡萄酒分級制度，相當於法國 INAO。

1. 一般餐酒（Vino de Mesa, VdM）：最一般等級的葡萄酒。
2. 地區餐酒（Vinos de la Tierra, VdlT, VT）：約等同法國 Vin De Pays，義大利 IGT。VT 等級須顯示產地特色，酒精度符合最低標準，但種植和釀造標準還未達 DO 的水準。
3. 原產地名稱葡萄酒（Vinos de Denominación de Origen, DO）：西班牙目前有 70 個 DO，每個 DO 都設有管理委員會（Consejo Regulador）負責管理該產區的酒，以確保產量、葡萄品種、釀酒和陳年過程都符合西班牙官方的規定。

4. 優質原產地名稱葡萄酒(Vinos de Denominación de Origen Calificada, DOCa or DOQ）:DO 等級的葡萄酒若能長期保持一定的品質，至少是 10 年以上的 DO 等級，符合規定裝瓶，並在當地管理委員會監督下，即可升級 DOCa，目前只有里奧哈（DOCa Rioja）和普里奧拉（DOQ Priorat）產區被列為 DOCa。

除了分級，西班牙葡萄酒依陳年時間還可分：

1. 年輕酒（Joven）：也稱 Vino del Año，原指年輕的酒，代表葡萄酒未陳年，或在橡木桶中陳年的時間極短暫。
2. 佳釀酒（Crianza）：紅酒須陳年 24 個月，6 個月存放在橡木桶裡，所以佳釀葡萄酒須釀製完成 2 年後才能販售，如 2014 年分的酒，2016 年才能賣。有些地區如里奧哈，須在橡木桶裡陳年 12 個月；而粉紅酒和白酒須在酒窖裡待上 18 個月，其中 6 個月在橡木桶中，如 2014 年的酒，2016 年才能上市。
3. 陳釀酒（Reserva）：陳釀紅酒須陳年至少 36 個月，其中 12 個月須在橡木桶中陳年，所以 2014 年分的酒，2017 年才上市；粉紅酒和白酒則須陳年 18 個月，6 個月在橡木桶中，所以 2014 年分的酒，2016 年上市。
4. 特陳釀酒（Gran Reserva）：只有年分極佳的酒，才能做成 Gran Reserva，特陳釀紅酒須在橡木桶裡待上 18 個月，裝瓶後再陳年 42 個月，陳年時間總共須長達 60 個月，如 2014 年分的酒，須 2019 年才能販售。粉紅酒和白酒則須窖藏 48 個月，6 個月在橡木桶。

知識酒窖

索雷拉（Solera）陳釀系統

索雷拉系統可使酒質兼具新酒的清新與老酒的醇厚。

索雷拉系統把成熟過程使用的酒桶分數層堆放，最底層（Solera）放置最老的酒，最上層（Sobretabla）存放最年輕的酒。每隔一段時間須從最底層取出一部分酒，裝瓶售出，然後從最底層的上一層（1st）取酒補回最底層，再從第三層（2nd）取酒補回 1st……，依此不斷以新補舊，如此一來便能以老酒為基酒，調和年輕的酒，保持雪莉酒的特殊風味。（圖 4-10）

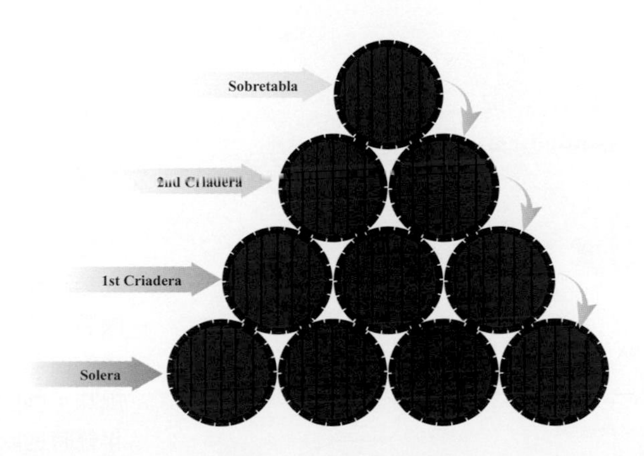

圖 4-10　索雷拉系統

二、主要產區介紹

西班牙主要產區有加利西亞（Galicia）、卡斯提爾．萊昂（Castillay Leon）、里奧哈（La Rioja）、納瓦拉（Navarra）、加泰隆尼亞（Catalonia）、安達魯西亞（Andalucìa）、拉曼恰（La Mancha）（圖 4-11）。

加利西亞（Galicia）

- 氣候：受大西洋海風影響，全年氣候溫和、潮濕，所以葡萄熟成緩慢。
- 土質：下層花崗岩、層積岩、沙。
- 葡萄品種：阿爾巴利諾、白洛雷羅、鐵薩度拉。
- 釀製：陳年 2 年或以上才能展現出自身特徵的白葡萄酒。
- 風味：強勁堅實、高雅、豐富水果香，年輕時適飲。
- 重要產區：貝里羅（Ribeiro）、下海灣區（Rias Baixas）、蒙特萊依（Monterrei）。

圖 4-11　西班牙葡萄產區

安達魯西亞（Andalucia）

- 氣候：受大西洋海風影響，全年氣候溫和、潮濕，所以葡萄熟成緩慢。
- 土質：下層花崗岩、層積岩、沙。
- 葡萄品種：帕羅米諾、貝得羅．西梅茲
- 釀製：陳年 2 年或以上才能展現自身特徵的白葡萄酒，以雪莉酒聞名。
- 風味：強勁堅實、高雅、豐富水果香，年輕時適飲。
- 重要產區：赫雷斯（Jerez）、馬拉加（Malaga）、韋爾瓦（Huelva）。

卡斯提爾 · 萊昂（Castilla Leon）

- 氣候：日照充足、氣候乾燥、日夜溫差大，屬於大陸型氣候。
- 土質：土地貧瘠，葡萄根必須深紮入土層，吸收礦物質養分。
- 葡萄品種：白葡萄品種有弗德（Verdejo）、維烏拉（Viura）、阿比洛（Albillo）；紅葡萄有田帕尼優、格納希、門西亞（Mencia）、卡本內 · 蘇維濃。
- 釀製：頂尖級紅、白、玫瑰葡萄酒，頂級紅酒陳年 5 ～ 6 年以上。
- 風味：酸度大，果肉中單寧含量高，果醬豐沛多汁，就是這種風味獨特的葡萄醞釀出獨特美酒。
- 重要產區：盧埃達（Rueda）、里貝拉 · 斗羅（Riberadel Duero）、托羅（Toro）。

里奧哈（La Rioja）

- 氣候：雖有來自大西洋濕冷空氣，但受坎塔布里亞山脈保護，而顯溫暖乾燥，適合葡萄生長。
- 土質：下層花崗岩、層積岩、沙。
- 葡萄品種：格那希、田帕尼優、瑪祖愛羅（Mazuelo）、格拉西諾（Graciano）。
- 釀製：陳年 2 年或以上才能展現自身特徵的白葡萄酒。
- 風味：強勁、堅實、高雅、豐富水果香，年輕時適飲。
- 重要產區：下利奧哈（Rioja Baja）、上利奧哈（Rioja Alta）、利奧哈阿拉維沙（Rioja Alavesa）。

納瓦拉（Navarra）

- 氣候：受大西洋海風影響，全年氣候溫和、潮濕，所以葡萄熟成緩慢。
- 土質：下層花崗岩、層積岩、沙。
- 葡萄品種：格那希、田帕尼優、卡本內 · 蘇維濃。
- 釀製：陳年 2 年或以上才能展現自身特徵的白葡萄酒。
- 風味：強勁堅實、高雅、豐富水果香，年輕時適飲。
- 重要產區：內瓦納（Navarra）。

加泰隆尼亞（Catalonia）

- 氣候：受大西洋海風影響，全年氣候溫和、潮濕，所以葡萄熟成緩慢。
- 土質：下層花崗岩、層積岩、沙。
- 葡萄品種：阿爾巴利諾（Alvarinho）、白洛雷羅、鐵薩度拉。
- 釀製：陳年 2 年或以上才能展現自身特徵的白葡萄酒，以 Cava 氣泡酒聞名。
- 風味：強勁堅實、高雅、豐富水果香，年輕時適飲。
- 重要產區：阿萊利亞（Alella）、佩內德斯（Penedes）、塔拉戈納（Tarragona）、譜瑞特（Priorat）。

拉曼恰（Lamancha）

- 氣候：受大西洋海風影響，全年氣候溫和、潮濕，所以葡萄熟成緩慢。
- 土質：下層花崗岩、層積岩、沙。
- 葡萄品種：阿爾巴利諾、白洛雷羅、鐵薩度拉、艾依倫（Airèn）。
- 釀製：陳年 2 年或以上才能展現自身特徵的白葡萄酒。
- 風味：強勁堅實、高雅、豐富水果香，年輕時適飲。
- 重要產區：巴爾德佩尼亞斯（Valdepenâs）、芬卡 · 埃萊茲（Finca Elez）、帕戈 · 吉喬索（Pago Guijoso）、卡薩迪雅（Pago de Calzadilla）。

第四節　葡萄牙

葡萄牙位於伊比利半島西部，與西班牙比鄰，葡萄酒釀造史與西班牙相似，但 8 ～ 12 世紀時，葡萄牙受穆斯林統治，葡萄酒的發展反而大幅倒退了。

中世紀時，拜海外貿易之賜，葡萄酒產業開始起飛。15 世紀，英國貿易商以葡萄牙爲基地，葡萄牙與英國形成貿易聯盟；16 世紀，英國人開始在葡萄牙成立公司，現今還有許多知名波特酒廠是英國人所有。

18 世紀，波特酒和馬德拉酒已成爲葡萄牙最大宗的出口商品，在英國相當受歡迎。19 世紀後期，受到根瘤蚜蟲侵襲，造成許多在地原生品種滅絕，使葡萄酒業一蹶不振。20 世紀中，葡萄牙獨裁者薩拉查（António de Oliveira Salazar）要求葡萄農改種小麥，葡萄酒產業更是雪上加霜。1986 年，葡萄牙進入歐盟（EU），仿照法國 AOC，建立 DOC 制度，酒廠開始現代化，葡萄酒產業隨之復甦，也開始復育葡萄牙特有葡萄品種。

葡萄牙以加烈葡萄酒聞名於世，但近年開始生產一般葡萄酒。葡萄牙的葡萄酒產業分工，是由葡萄農供應葡萄給合作社釀酒，大酒廠較少種植葡萄園，但近年來也有葡萄農開始自行獨立釀造品牌葡萄酒。

葡萄牙 60％的葡萄酒是紅酒、粉紅酒和加烈酒；40％是白酒，大部分的酒都能反映出當地風土。葡萄牙是典型地中海型氣候，涼而潮濕的冬天，夏天乾燥炎熱，是葡萄的絕佳生長環境；土壤較多樣化，加上氣候的些微差異，成爲影響葡萄酒表現的主要因素。如北部的綠酒區（Vinho Verde）淺而砂質的土壤，加上大西洋海風的吹拂，造就出清新

圖 4-12　斗羅河谷的葡萄園

爽脆的白酒；相反的，斗羅河谷（Douro）偏向大陸型氣候，為片岩夾雜著花崗岩土壤的山坡地型，紅酒的莓果味十足。（圖 4-12）

葡萄牙有許多特有的葡萄品種，1986 年歐盟基金開始研究這些葡萄品種的特性及釀出高品質葡萄酒的潛力，已有部分品種打出名號，如白葡萄有阿琳多（Arinto）、阿爾瓦利尼歐（Alvarinho）、安庫撒多（Encruzado）等；紅葡萄有佩里吉塔（Periquita）、杜里蓋內匈尼爾（Touriga Nacional）和巴加（Baga）等。

葡萄牙的葡萄酒釀造一直保有獨立性，也保有許多傳統釀酒技術和原生葡萄品種，使葡萄牙葡萄酒在國際上獨樹一格，更提升葡萄牙葡萄酒獨特的原創性。

一、葡萄牙酒的分級

葡萄牙是葡萄酒分級制度的發源地，早在1756年，龐巴爾侯爵在斗羅河谷畫分產區，並制定波特酒的相關規定，以確保酒的品質和名聲。1908 ～ 1929 年間，其他區域也仿照建立分級制度。1986 年葡萄牙加入歐盟後，綜合傳統的分級制度與鄰近國家的制度，建立現行的分級。

葡萄牙的分級制度從高至低為：

1. 法定產區酒（Denominação de Origem Controlada, DOC）
   跟法國的 AOC 或者義大利的 DOC，著名的法定產區有斗羅河谷（Duro）、綠酒區（Vinho Verde）、道（Dão）、馬德拉（Madeira）、貝拉達（Bairrada）。
2. 推薦產區酒（Indicação de ProveniênciaRegulamentada, IPR）
   類似法國的 VDP，義大利的 IGT。
3. 地區餐酒（Vinho Regional）
4. 日常餐酒（Vinho de Mesa）

二、主要產區介紹

葡萄牙主要產區：綠酒區（Vinho Verde）、道（Dão）、斗羅河谷（Douro）。（圖4-13）

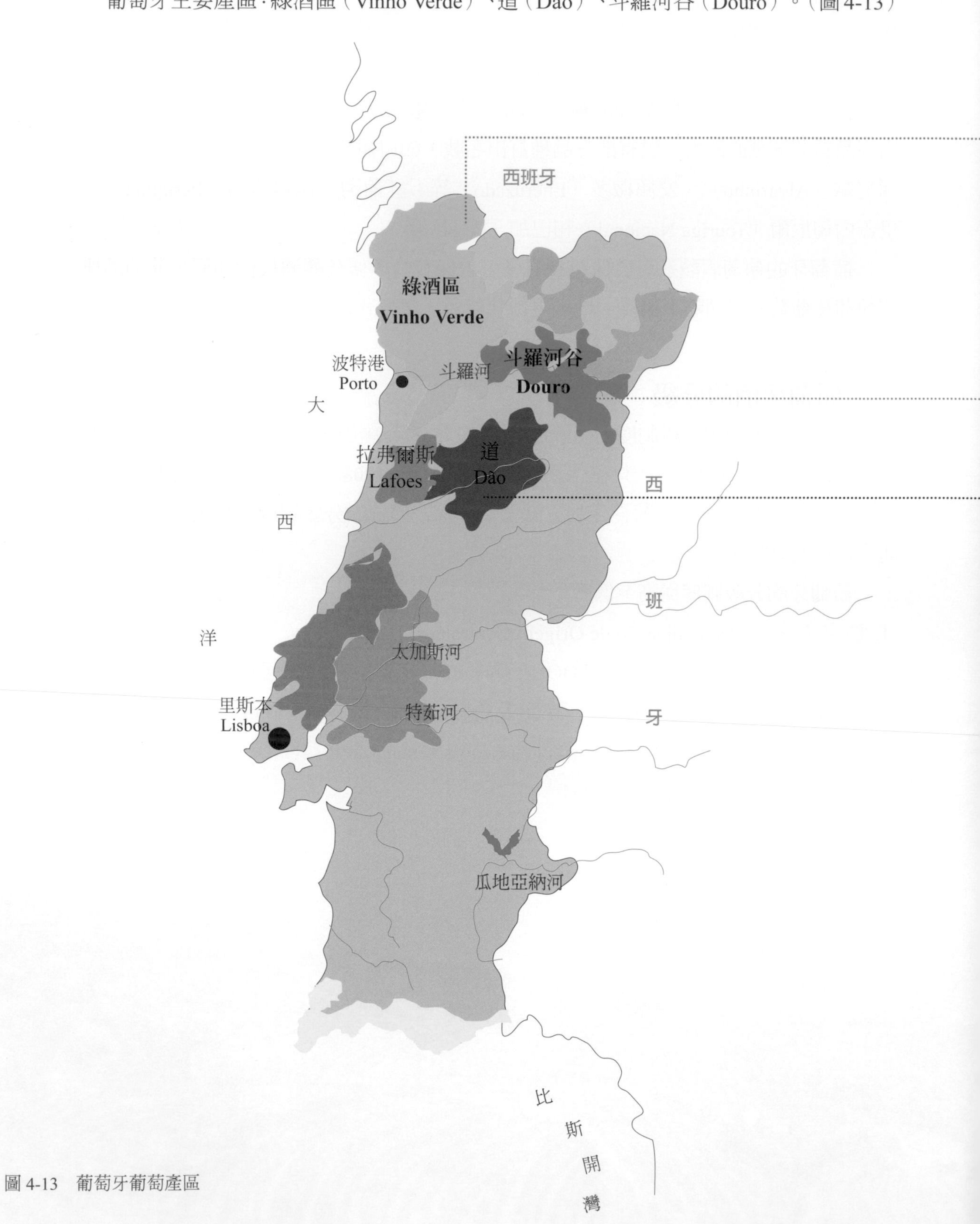

圖4-13　葡萄牙葡萄產區

綠酒區（Vinho Verde）

- 氣候： 爲海洋型氣候，氣候涼爽、潮濕。
- 土壤：以風化花崗岩土壤爲主。
- 葡萄品種
  白葡萄品種：阿爾巴利諾（Alvarinho）、阿瑞圖（Arinto, Pederna）
  紅葡萄品種：伯拉卡（Borracal）、Espadeiro。
- 代表性產區：蒙桑（Moncao）、梅爾加蘇（Melgaco）、利馬（Lima）、邦士度（Basto）、咖瓦多（Cavado）、大道（Ave）、阿馬蘭特（Amarante）、百奧（Baiao）、索薩（Sousa）和派瓦（Paiva）。

斗羅河谷（Douro）

- 氣候：氣候偏向大陸型氣候，日夜溫差大、夏季炎熱、冬季寒冷。
- 土壤：以花崗岩及片岩爲主。
- 葡萄品種
  紅葡萄品種：國產多瑞加（Touriga Nacional）、田帕尼優。
  白葡萄品種：馬爾維薩（Malvasia）、拉比加多（Rabigato）。
- 代表性產區：Baixo Corgo、Cima Corgo、Douro Superior。
- 代表性的酒：波特酒（Port）

道（Dão）

- 氣候： 爲大陸性氣候，又受大西洋冷流影響。
- 土壤：以花崗岩及片岩爲主。
- 葡萄品種
  紅葡萄品種：國產多瑞加（Touriga Nacional）、阿佛萊格（Alfrocheiro）。
  白葡萄品種：伊克多加（Encruzado）。
- 代表性產區：道、拉弗爾斯。

第五節　德國

德國（Germany）有「啤酒王國」之稱，雖然葡萄酒沒有啤酒的名聲大，但釀造史依然悠久，也是世界十大葡萄酒生產國之一。

德國種植葡萄的歷史可追溯到西元前 1 世紀，當時羅馬帝國占領現代德國的西南部，從義大利帶來了葡萄樹的栽培技術與釀酒工藝。中世紀時，葡萄酒發展主要是由修道院和修道士帶起，使德國葡萄酒文化與基督教關係密切，有些種植區至今所有權還屬於主教或以主教教區命名。19 世紀，德國葡萄酒業發展邁入極盛時期，但隨著工業革命和戰爭等，迫使德國葡萄酒業衰退了。德國以啤酒爲日常酒精飲料，相較歐洲其他國家，德國人對葡萄酒的日常需求不高，也影響葡萄酒的生產與消費。近年來聲譽雖有提高，但相較其他生產國，仍顯弱勢。

德國葡萄產區主要分布在北緯 47 ～ 52 度間，地理位置偏高緯度，使德國的氣候較其他葡萄產區國寒冷，因此德國白酒產量高於紅酒，約占總產量的 87%。德國白酒類型豐富，有不甜、清淡微甜，到濃厚圓潤的貴腐甜酒，還有製法獨特的冰酒。

雖然溫度較低，使葡萄種植地區受限，但德國有萊茵河（Rhine）、摩澤爾河（Mosel）、緬因河（Main）、內卡河（Neckar）、薩爾河（Saar）等衆多的河流和支流的大片河谷地。河谷地帶的日照充分，氣候溫和濕潤，河水白天吸收熱量，晚上釋放熱量，使葡萄園獲得相對較高的溫度，因此葡萄園多分布在河谷地帶，也成爲德國葡萄種植和葡萄酒生產的一大特色，稱爲陡坡酒園。德國土壤成分多元，有黃土、砂岩、不同類型的板岩及火山土等。

德國的葡萄品種超過 40 種以上，白葡萄種植最多的品種爲：麗絲玲、希凡娜（Silvaner）和慕勒 ·圖高（Müller ·Thurgau）；紅葡萄品種爲：德國黑皮諾（Spätburgunder）和葡萄牙美人（Blauerportugieser）。

一、德國葡萄酒的分級

1971 年，德國制定《德國葡萄酒法》（German Wine Law），規範葡萄種植和品種，畫出 13 個指定產區（Anbaugebiete）及次產區（Grosslage），並一一登記列管葡萄園及採摘葡萄的位置，目前全德國約 2,600 個葡萄園（Einzellage）。

現行德國葡萄酒法是基於 1971 年原有法源基礎上，在 1994 年更新的。這些法規制定了的國葡萄酒的命名和酒標術語的使用，且根據其採收的葡萄成熟度「奧斯勒（Oechsle) 和殘糖含量進一步制定了質量和分級。今天德國葡萄酒被分爲如下四級：

知識酒窖

奧斯勒（Oechsle）

是收穫葡萄時葡萄的最低含糖量的度量標準，一般德國葡萄採收時含糖量必須至少有達 44°~50° 奧斯勒以上。

1. 德國葡萄酒（Deutscher Wein）：是德國最基本的葡萄酒，必須是在德國種植、釀造、裝瓶的。
2. 地區酒（Landwein）：是受保護的地理標誌產區酒（g.g.A），目前德國有 26 個 g.g.A。
3. 品質酒（Qualitätswein）：受原產地保護的地區品質酒（geschützte Ursprungsbezeichnung /g.U）是用於命名在德國優質葡萄酒產區（Anbaugebiete）生產的優質餐酒。目前德國有 13 個優質葡萄酒產區（Anbaugebiete），酒標上需標明原產必包括：大區（Bereich）、次產區（Grosslage）或單一葡萄園（Einzellage）。
4. 高級優質葡萄酒（Prädikatswein）：是德國生產最高級別的優質餐酒，並依其成熟度的不同，代表了收穫期的葡萄中糖分的含量不同。另外，也通過測量葡萄在收穫期的奧斯勒度（Oechsle）含糖量分級，等級說明如下：

1. Kabinett：清新酒，口感清淡雅緻，酒精度低，還是帶有一絲甜味，含糖量 70° ～ 85° 奧斯勒（Oechsle）。
2. Spätlese：晚摘酒，必須採用晚採收的葡萄，甜度、酸度、果香平衡，口感比較起來仍是比較清爽，有些許的甜味，含糖量 80°~95° 奧斯勒（Oechsle）。
3. Auslese：精選酒，指選擇性的採收，比晚摘酒再晚一點採收，選擇成熟度更高的葡萄串，香氣和口感層次更豐富，含糖量 88°~105° 奧斯勒（Oechsle）。
4. Beerenauslese, BA：逐粒挑選酒，採收長了貴腐黴的果實釀製，味道濃郁甜美，且相當珍貴，含糖量 110° ～ 128° 奧斯勒（Oechsle）。
5. Eiswein：將健康的葡萄留在樹上過冬，直到 12 月甚至 1 月才採收，以已經結凍的葡萄搾出來的果汁釀酒，糖分要高過 BA 等級，酒液甜美且有適當的酸度平衡，含糖量 110° ～ 128° 奧斯勒（Oechsle)。
6. Trockenbeerenauslese, TBA：貴腐酒，是德國最高等級的白酒，選擇長了貴腐黴，且已經乾扁的葡萄釀製，糖分最高，含糖量 150° ～ 154° 奧斯勒（Oechsle），酒精度須至少 5.5%。極爲濃稠，香氣豐富誘人，由於得來不易，釀造年份極少，因此非常的稀有及昂貴，又稱「貴腐酒」。

德國另有一頂級葡萄酒酒莊聯合會（VDP）成立於 1910 年，標榜天然葡萄酒（不加任何糖分果汁）要求質量較高，如今德國 13 個優質葡萄酒產區的 200 來家酒莊加入這組織，所有的 VDP 成員酒莊都會標註帶有黑鷹和一串葡萄標示的 VDP 會標。該組織的目標是維護德國傳統的葡萄種植並鼓勵使用高品質標準種植葡萄，並於 1984 年 VDP 開始了葡萄園分級，共有四個質量級別，僅用於 VDP 的成員。

二、主要產區介紹

德國共有13個法定的葡萄酒產區，這些產區只生產QbA等級以上的酒，分別是阿爾（Ahr）、黑森山大道（Hessische Bergstrasse）、中萊茵（Mittelrhein）、摩澤爾（Mosel）、納黑（Nahe）、萊茵高（Rheingau）、萊茵黑森（Rheinhessen）、法爾茲（Pfalz）、法

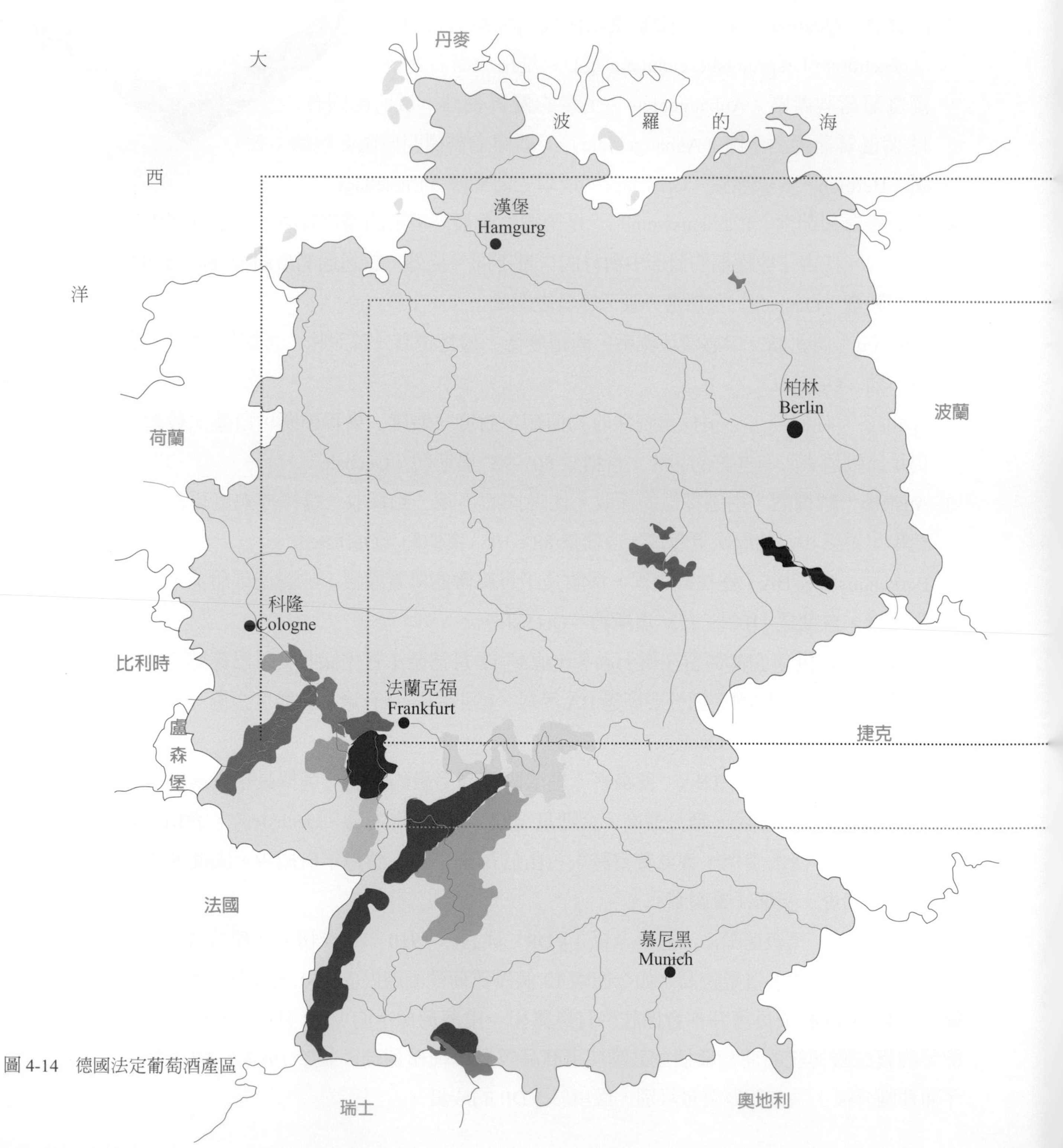

圖4-14　德國法定葡萄酒產區

蘭肯（Franken）、符騰堡（Württemberg），巴登（Baden）、薩勒·溫斯圖特（Saale·Unstrut）和薩克森（Sachsen），以下介紹幾個重要的產區：（圖 4-14）

摩澤爾（Mosel）

- 氣候：陡坡葡萄園、由於河谷適度遮擋冬季的寒冷，夏季提供充足的雨水。
- 土壤：土壤裡含有大量藍色和紅色板岩、排水性佳及礦物質含量高
- 葡萄品種：白葡萄品種以麗絲玲、米勒托高（Muller Thurgau）爲大宗；紅葡萄品種，主要爲黑皮諾、丹菲特（Dornfelder）。
- 代表性酒莊：伊貢·慕勒（Weingut Egon Muller Scharzhof）、普朗（Prüm Wehlener Sonnenuhr）。

萊茵高（Rheingau）

- 氣候：類似地中海氣候，較溫和的氣候特性。
- 土壤：萊茵區分成 3 個土壤區域，西部的德斯海姆（Rudesheim）貝格葡萄園，洛爾希和阿斯曼斯豪森（Assmannshausen）擁有以保溫有力的板岩和鱗片狀板岩主導的土壤；中部和東部萊茵高，海拔比較高的葡萄園含有陶努斯石英岩和絹雲片麻岩（如 Hallgarten、Kiedrich）。
- 葡萄品種：白葡萄品種是麗絲玲、紅葡萄品種是黑皮諾。
- 代表性產區：呂德斯海姆（Rudesheim）、哈爾加爾騰（Hallgarten）、基德里希（Kiedrich）。

萊茵黑森（Rheinhcssen）

- 氣候：以人陸型氣候爲主、受潮濕的墨西哥暖流影響。
- 土壤：土壤種類多樣化，包括黃土、火山岩、板岩、砂礫、及紅色底土（Rotlieg · end）。
- 葡萄品種：白葡萄品種有麗絲玲、西萬尼（Silvaner）、米勒托高（Muller Thurgau）；紅葡萄品種有黑皮諾。
- 代表性酒莊：利布弗勞·恩米爾奇（Liebfraunmilch, Liebfrauenmilch）、科恩（Weingut Kern）。

法爾茲（Pfalz）

- 氣候： 類似地中海氣候較暖和的產區。
- 土壤：黏土、砂石、黃土、泥灰岩和這些土壤的混合泥土。
- 葡萄品種：是世界最大種植麗絲玲的產區。白葡萄品種包括米勒托高、肯納（Kerner）、西萬尼、施埃博（Scheurebe）、白皮諾（Pinot Blanc）；紅葡萄品種黑皮諾。
- 代表性酒莊：克拉瑪（Karama）、溫格特·梅塞爾·克雷默（Weingut Messer · Kraemer）。

第六節　奧地利

奧地利位於歐洲正中位置，有「歐洲心臟」之稱，是音樂之都，也是全球最好的葡萄酒產區之一。葡萄種植的歷史悠久，考古學家在奧地利東部一座墳穴曾發現西元前700年遺留的葡萄子，且是人工種植的產物。而考究羅馬時期的酒杯和酒瓶，也發現奧地利已廣泛種植葡萄；10世紀時，巴伐利亞修道院僧侶，推廣葡萄種植文化，奧地利的葡萄酒發展進入全盛時期。

1784年，奧地利允許酒農在家銷售當年釀成的新酒，使「新酒酒店」（Heurigen）如雨後春筍出現，直到現在，到奧地利觀光也可品嚐口感清新宜人的新酒，搭配各式奧地利美食，是相當難得的體驗。

奧地利葡萄種植區集中在東部地區，氣候爲大陸型氣候，溫暖乾爽，但冬天面臨酷寒，夏天非常炎熱，有適度的降雨，阿爾卑斯山和多瑙河扮演影響當地氣候的兩大因素。土壤相當多樣化，有片岩、石灰岩、礫石，有些地區爲砂岩、黏土和火山片岩。（圖4-15）

奧地利的葡萄品種、種植和釀造與德國類似，以單一葡萄品種釀造的白葡萄酒爲主，也有紅酒、粉紅酒、氣泡酒及晚收方式釀造的甜酒，帶有花香，酸度明顯，爽口易飲。代表的葡萄品種爲綠維特利納（Grüner Veltliner），釀出的多爲不甜的白酒，清新可口，帶有茴香香氣及果香，甚至微微辛辣感。葡萄種植品種以麗絲玲爲主；紅葡萄品種以茲維格（Zweigelt）、藍佛朗克（Blaufränkisch）等爲主；前者爲奧地利原生的葡萄品種。

圖 4-15　奧地利的葡萄園

一、奧地利葡萄酒的分級

奧地利在 1985 年發生一起葡萄酒醜聞，葡萄酒被檢驗出添加非法物質二甘醇（Diethylene Glycol, DEG）的甘甜劑，此後，奧地利政府對釀酒採取更嚴格的管制策施。現在奧地利的葡萄酒出口大增，可見葡萄酒的品質已經重新獲得世界的認可。

奧地利的分級制度與德國類似，依據葡萄汁含糖量分級，單位為 KMW（Klosterneuburger Most-waage），即每 100 公克葡萄汁中含有 1 公克的糖，稱為 1° KMW。奧地利的分級分以下五級：

1. Tafelwein：餐酒，含糖量至少須達 10.6° KMW。
2. Landwein：地區酒，須使用特定的葡萄釀酒，至少 14° KMW。
3. Qualitätswein：良質酒，與德國分級制的 QbA 類似，至少 15° KMW，須產自單一產區，且須選用代表該區特色的葡萄品種釀酒。
4. Kabinett：清新酒，不可以在未發酵的葡萄汁中添加糖分。
5. Qualitätswein mit Pärdikat：特級優質酒，即德國分級制的 QmP，選用特定成熟度和採收方式的葡萄釀成高品質葡萄酒，不得在葡萄汁或酒中加糖，葡萄酒中的糖分都是發酵後殘存，酒精度必須在 5%以上。特級優質酒又依 KMW 分為下列幾種等級：
   （1）Spätlese：晚摘酒，須使用完全成熟的葡萄釀酒。
   （2）Auslese：精選酒，選擇性採收，選擇成熟度更高的葡萄釀酒。
   （3）Beerenauslese, BA：逐粒挑選酒，採收長了貴腐黴的果實或過熟的葡萄釀製。
   （4）Ausbruch：高級甜葡萄酒，採收長了貴腐黴的果實或天然風乾的葡萄釀酒。
   （5）Trockenbeerenauslese, TBA：貴腐酒，是奧地利最高等級的白酒，選擇長了貴腐黴，且已經乾扁有如葡萄乾的葡萄釀製，糖分最高。
   （6）Eiswein：冰酒，採收已經結凍的葡萄榨汁、釀酒。
   （7）Strohwein/Schilfwein：麥桿酒，將葡萄放在麥桿或蘆葦編成的席子上，天然風乾至少 3 個月，再拿來釀酒。

2002 年，奧地利建立 DAC（Districtus Austriae Controllatus）制度，類似法國的 AOC 或義大利的 DOC，主要是用來標示經過奧地利農業部認可，具代表性的特殊產區，稱為地區典型優質酒，目前奧地利有 9 個 DAC 產區。

奧地利葡萄酒也有陳釀酒（Reserve）等級，只有良質酒等級以上，且酒精度達 13% 以上的酒才能標上 Reserve。

二、主要產區介紹

奧地利有4個地區產葡萄酒，分別是下奧地利（Niederösterreich）、布林根蘭（Burgenland）和施泰爾馬克邦（Steiermark, Styria）和維也納（Wien），而維也納是世

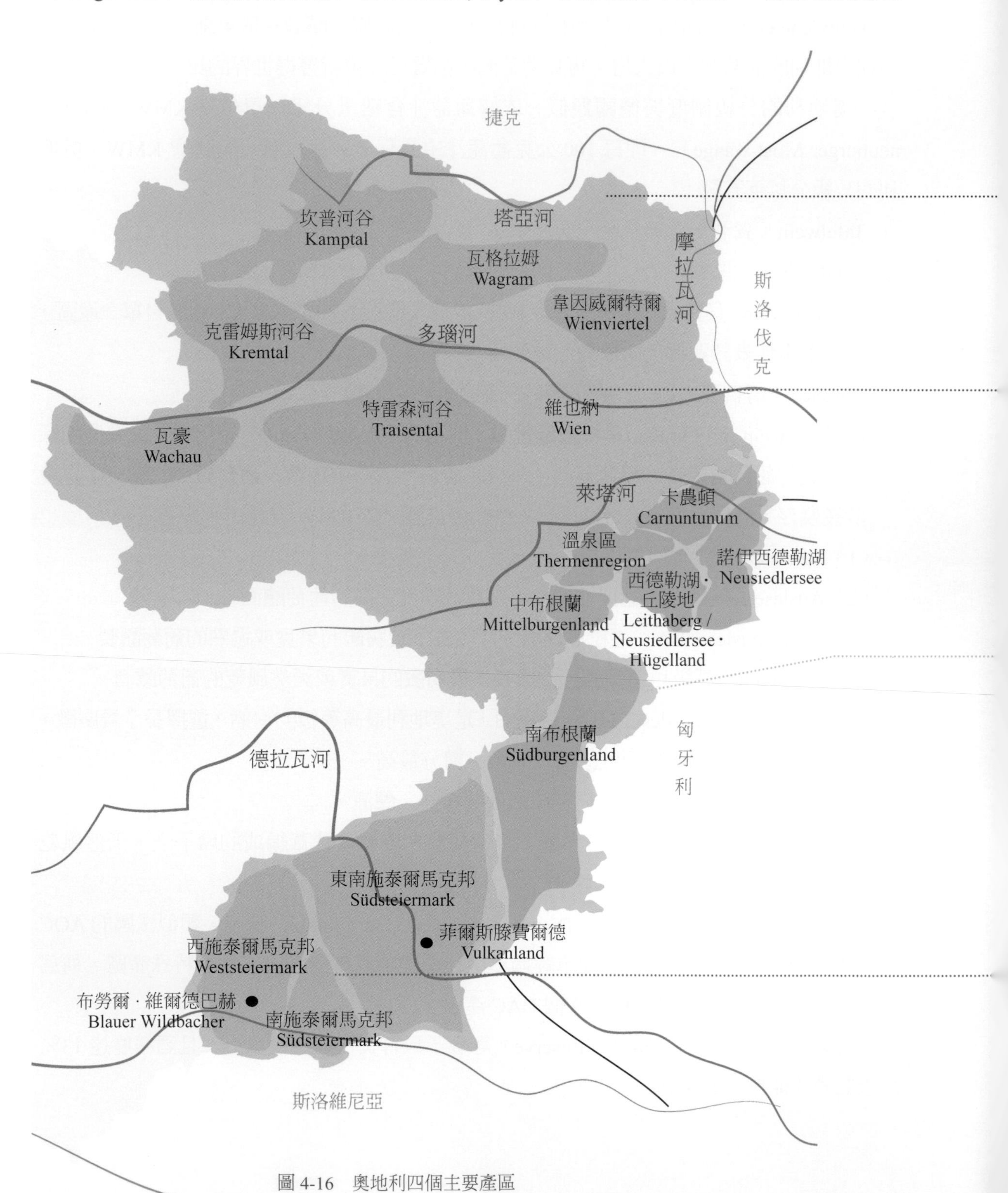

圖4-16　奧地利四個主要產區

界唯一首都也是葡萄酒產區，維也納產區位於阿爾卑斯山的東北麓和維也納盆地西北部之間的多瑙河畔。（圖 4-16）

下奧地利（Niederosterreich）

- 氣候：受大陸型氣候影響。
- 土壤：土壤從陡峭的原生岩演變成黃土及石灰岩山坡，另外還有火山岩土壤的 Heiligenstein。
- 葡萄品種：綠維特納（Gruner Veltliner）。
- 代表性產區：坎普河谷（Kamptal）、克雷姆斯河谷（Kremsl）、瓦豪（Wachau）、瓦格拉姆（Wagram）、韋因威爾特爾（Weinviertel）、特雷森河谷（Traisental）。

維也納（Wien）

- 氣候：同時受到來自西面的海洋性氣候和東面的大陸性氣候的影響，屬於過渡性氣候。
- 土壤：各種各樣富含碳酸鹽的土壤及富含碳酸鈣的棕色及黑土壤。
- 葡萄品種：綠維特納、多種葡萄混釀（Gemischter Satz）。
- 代表性酒莊：歐皮茲酒莊（Willi Opitz）、勞倫斯五世酒莊（Laurenz V）。

布根蘭（Burgenland）

- 氣候：受炎熱的大陸型氣候影響。
- 土壤：石灰和石板的土質含大量的礦物質。
- 葡萄品種：白葡萄品種是灰皮諾、夏多內和綠維特利納；紅葡萄品種有金芬黛、藍佛朗克（Blaufränkisch）、伊夫．聖羅蘭（St．Laurent）。
- 代表性酒莊：漢尼斯．雷（Weingut Hannes Reeh）、格萊士（Weingut Kracher）、海維克（Weingut J. Heinrich）。

施泰爾馬克邦（Steiermark）

- 氣候：屬大陸性氣候，夏冬溫差較大。
- 土壤：含貝殼的石灰石、片岩等土壤、火山岩、凝灰岩。
- 葡萄品種：夏多內、白皮諾、灰皮諾、希爾澈（Schilcher）。
- 代表性產區：施泰爾馬克邦（Südsteiermark）、施泰爾馬克邦（Steiermark）東南的菲爾斯滕費爾德（Vulkanland，舊稱 Südoststeiermark）、施泰爾馬克邦西部的布勞爾．維爾德巴赫（Blauer Wildbacher）。

第七節　匈牙利

匈牙利自古以來就是葡萄酒的生產大國，在歐洲的文學作品中，常可看到來自匈牙利的名酒托卡伊（Tokaji），是著名的匈牙利甜酒，也是當時歐洲皇室貴族最愛的葡萄酒之一。1989 年隨著共產政權的瓦解，產業私營化及西方資金的大量流入，爲匈牙利帶來了全新的釀酒設備和技術，並尋回了昔日酒王的美譽。

匈牙利坐落在中歐克爾巴干盆地的內陸國家，首都布達佩斯。在 5000 多年前，當葡萄的種植從中亞開始向歐陸範圍傳播時，匈牙利人學習到葡萄酒的製作技巧，他們保留並發展了當地居民由古希臘、古羅馬傳承而來的葡萄酒文化。

匈牙利地處中歐喀拉巴阡山盆地，北部地方主要是大陸性氣候，夏季酷熱、冬季嚴寒，只有少數地區也能受到來自大西洋寒流的影響。西部大湖巴拉通（Balaton）湖爲歐洲最大湖泊，是該國重要的葡萄酒產區之一。巴拉頓湖（Lake Balaton）和新錫德爾湖（Lake Neusiedl）有利於調節大陸性氣候，能使葡萄生長期變長並擁有較爲溫和的氣候。東部是喀爾巴阡山（Carpathian Mountains），能夠使園地免遭冷風的侵襲，對當地的氣候有著顯著的影響。而匈牙利南部地區大多則屬於地中海氣候。

匈牙利全境布滿葡萄園，氣候的多樣性給葡萄種植帶來多樣性的風土條件，即使是相距很近的葡萄園也會發展出彼此不同的葡萄風格。

目前匈牙利有 22 個法定產區，其中以塞克薩德（Szekszard）、埃格爾（Eger）托卡伊（Tokaji）和馬特拉產區（Matraalja）比較出名。因爲這 4 個地區都生產優質味美的葡萄酒，如塞克薩德和埃格爾出產的公牛血，還有托卡伊的貴腐甜酒，馬特拉的白酒等。主要葡萄品種有：弗民特（Furmint）、哈斯勒夫魯（Harslevelu）、玉法克（Juhfark）、卡達卡（kadarka）、特米尼（Tramini）、黑皮諾和田帕尼優等，及數量衆多的當地特有葡萄品種。

匈牙利的北面及中西區域是白酒的主要產區。傳統不甜白酒色澤金黃，味道多帶香料味，如胡椒辛辣味，口感濃烈。白酒的釀造品種之一 Hárslevel，香氣充足，入口柔潤，帶可口的桃子味道。Kéknyel 白葡萄品種酒較爲稀少，酒體豐厚濃郁，口感飽滿。灰道士（Szürkebarát）乾爽純正，品質極好，以產自西面巴拉通湖地區的最佳。

匈牙利的紅葡萄極爲稀少，主要散布於南部，但在東北部的埃格爾產區也有著極好地發展。埃格爾產區最著名的葡萄酒是 Eger Bikavér。Eger Bikavér 有一個爲人熟知的名字「Bull's Blood of Eger」（公牛血），Eger Bikavér 是一種釀造工藝和釀造方式。匈牙利的公牛血有專門的監管部門，須達到嚴格的標準才能被冠名 Bikavér，但 Bikavér 並非單一葡萄釀製而成，主要以調配爲主。

托卡伊（Tokaji）甜葡萄酒的做法，是把經過貴腐菌感染的葡萄，放入新鮮葡萄基酒中發酵而成的甜葡萄酒，托卡伊等級判定是依通過每公升葡萄酒所含的殘糖含量來進行評定。所使用的單位名稱爲 Puttonyos（斗），常用的有：3 斗（3 Puttonyos），4 斗（4 Puttonyos），5 斗（5 Puttonyos），6 斗（6 Puttonyos）等。

3 斗等級的托卡伊葡萄酒，殘留糖分含量爲 60g / L 以上，4 斗是 90 g / L 以上，5 斗是 120g/L 以上，6 斗則是 150g / L 以上。

匈牙利釀酒師們從 2014 年開始，爲統一托卡伊產區的規範，將托卡伊葡萄酒的 3 Puttonyos 和 4 Puttonyos 兩個等級取消。

知識酒窖

匈牙利的公牛血

匈牙利東北部的 Eger 區著名的葡萄酒是 Eger Bikavér 紅酒，也就是較爲大衆所知的 "Bull's Blood of Eger"（公牛血）這個名稱源自於 1552 年的一場由土耳其蘇萊曼大帝發動的侵略戰事。當時匈牙利的將領爲了激勵士氣，給士兵提供了大量美食和 Bikavér 紅酒，喝過 Bikavér 紅酒後士兵們果然鬥志高昂，而土耳其軍隊聽聞匈牙利軍隊喝了公牛血，勇猛異常，竟害怕畏縮至放棄進攻。從此公牛血（Bikavér）之名不脛而走，流傳至今。

馬特拉酒的唯美傳說

七百多年前，在匈牙利名城珍珠市的馬特拉山區，有三個美麗純潔的處女被法國入侵者關進黑暗的地窖裡，她們在沐浴之後赤身裸體地踩踏葡萄，釀造出第一瓶葡萄酒，開啓了馬特拉葡萄酒偉大歷史的輝煌進程。幾個世紀以後，當年的這幅畫卷被鐫刻在容量達 25,000 公升的巨型橡木桶上，永恆地保存在歐洲直線距離最長的馬特拉酒窖裡。

一、主要產區介紹

匈牙利有 4 個主要產區，分別是托卡伊、埃格爾、塞克薩德、馬特拉。（圖 4-17）

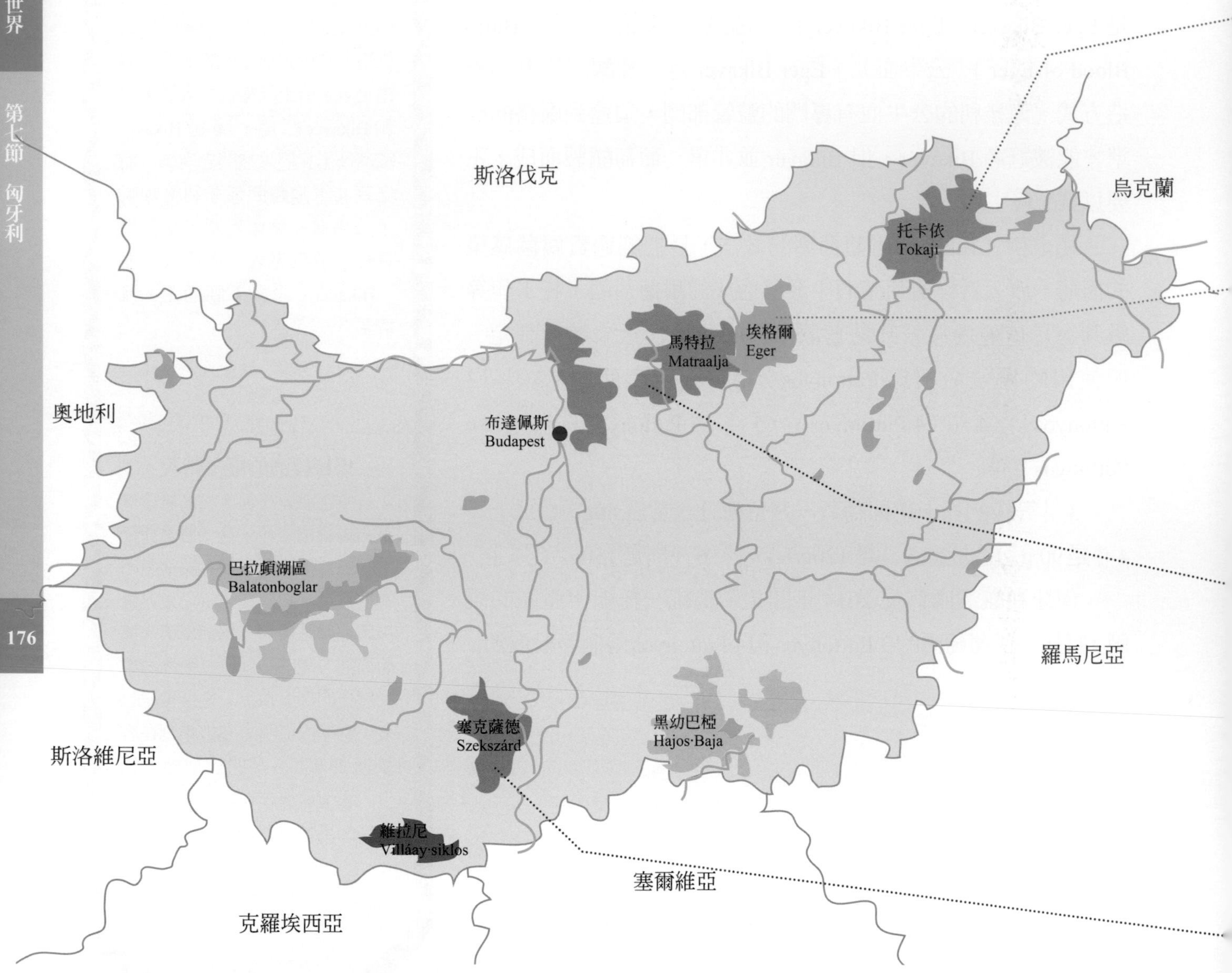

圖 4-17　匈牙利主要產區

托卡伊（Tokaji）

- 氣候：北部地方主要是大陸性氣候。
- 土壤：部分的土壤都是由黏土構成，但是南邊則有黏土和黃土組合的土壤。
- 葡萄品種：弗朗特（Furmint）、哈斯勒夫魯（Harslevelu）和白蜜思嘉（Muscat Blanc）。
- 產區特色：托卡伊貴腐甜酒、酒味甜美醇香，琥珀色的酒液晶瑩剔透，是匈牙利的「國酒」。

埃格爾（Eger）

- 氣候：北部地方主要是大陸性氣候。
- 土壤：產區的土壤類型爲黑色的火成岩，下層土爲中新世紀的火成岩、黏土、板岩。
- 葡萄品種：品種是以卡達卡（Kadarka）、阿瑞圖 （Arinto, Pederna）、金芬黛（Zinfandel）、布勞堡（Blauburger）、卡本內 · 弗朗（Cabernet · Franc）、卡本內 · 蘇維翁（Cabernet Sauvignon）、梅洛（Merlot）和少量的黑皮諾（Pinot Noir）。
- 產區特色：Eger 最爲著名的葡萄酒是 Eger Bikavér 紅酒。Eger Bikavér 還有一個更爲人熟知的名字「Bull's Blood of Eger」（公牛血），Eger Bikavér 是一種釀造工藝和釀造方式。

馬特拉（Matraalja）

- 氣候：主要是大陸性氣候，受地中海氣候和大西洋氣候的影響。
- 土壤：玄武岩顆粒及火山岩、黃土。土壤裡富含微量元素和白圭土。
- 葡萄品種：白葡萄品種有麗絲玲、白皮諾、格烏茲培明那、蜜思嘉；紅葡萄品種主要爲 Kadarka。
- 產區特色：建於 1276 年的馬特拉酒窖，是歐洲直線距離最長的酒窖，擁有數百個巨大的 1 萬公升以上的橡木桶，最大的橡木桶容量達 2.5 萬公升，保存時間長達百年以上。

塞克薩德（Szekszárd）

- 氣候： 以溫暖的大陸性氣候爲主。
- 土壤：位於潘諾尼亞平原，土壤肥沃，以沖積土層爲主。
- 葡萄品種：當地品種 Kadarka。
- 產區特色：Szekszard 的 Kadarka 葡萄酒曾經擁有較高的產量和大衆消費量，出產的紅酒氣味芬芳，顏色是深邃的紅色和強烈的風味、酒體豐滿、結構強勁。

第五章 葡萄酒產區－新世界

葡萄酒的文化是在歐洲發揚光大，隨著傳教與殖民，歐洲也把葡萄酒文化帶到了美洲和大洋洲。19 世紀中，葡萄園受根瘤蚜蟲病的影響，葡萄酒王者地位的法國也陷入了空前的危機，而此時歐洲散播到新大陸的葡萄酒種子正好開花結果，演變至今，成了歐洲為主的舊世界葡萄酒，與美國、智利、澳洲、阿根廷、紐西蘭等國所產的「新世界葡萄酒」分庭抗禮的局面。

新世界葡萄酒揚眉吐氣的轉捩點，是在 1976 年，當時在法國巴黎舉辦一場品酒會，採盲飲的形式，也就是品飲者並不知道自己喝的是什麼酒。結果這場葡萄酒的世紀對決，竟由美國加州葡萄酒獲得空前的勝利，無論是紅酒或是白酒，都奪下第一名，全世界因此嘩然。（圖 5-1）

圖 5-1　在巴黎品酒會中大放異彩的加州鹿躍酒廠

這場品酒會掀起了葡萄酒世界的革命，動搖了法國葡萄酒的王者地位，也打破了法國酒至高無上的印象，帶領葡萄酒走向了新的世界。著名的品酒家羅伯．帕克（Robert Parker）可說是葡萄酒歷史上的分水嶺，法國領軍的舊世界葡萄酒不再獨領風騷；新世界的葡萄酒不再被看輕，搖身一變成為葡萄酒愛好者極欲探索的新大陸。

數十年後的今天，舊世界與新世界的葡萄酒各擅勝場，整體而言，新世界的葡萄酒多以單一品種葡萄釀製，與舊世界混釀的風格迥異。而舊世界的酒，保留悠久的歷史傳統，部分酒廠也引進新世界採用新的釀酒觀念與技術；而新世界的葡萄酒則大量引進現代科學研究，採取開放的心態，開創新領域，打造高品質且平易近人的酒款。1976 年巴黎品酒會開展葡萄酒新頁，葡萄酒的世界變得更為豐富多元，現代人更有口福品嚐到更為多樣美味的葡萄酒。

第一節 美國

一、概論

18 世紀，西班牙教會的傳教士從墨西哥北上到了加州（California，加里福尼亞），也帶來了葡萄的種植與葡萄酒的生產技術，在當地開始種起葡萄，生產了葡萄酒，當時的加州，還是西班牙的殖民地，種植的葡萄非常接近智利的帕伊斯（Pais）品種，被稱為教會葡萄（Mission）。

1830 年代，從法國波爾多來的木桶師傅強．路易．維涅（Jean Louis Vignes）帶來波爾多原生的葡萄品種，並在洛杉磯落地生根。1850、60 年代，愈來愈多人到加州淘金，也吸引具有葡萄種植及釀酒背景的歐洲移民，在加州建立起廣大的葡萄園，成為現在加州許多知名葡萄酒莊園的基礎，到了 19 世紀後期，加州納帕郡山谷（Napa Valley）的紅酒已經具有一定的品質。

就在加州的葡萄酒產業起飛之時，兩個重大的災難卻接踵而至，一個是根瘤蚜蟲病，一個就是 1920 年的禁酒令。根瘤蚜蟲病在 19 世紀末重創加州的葡萄園，葡萄農剷除染病的葡萄樹後，很少再種當時流行的教會葡萄，取而代之的是 Riesling、Sauvignon Blanc、Cabernet Sauvignon 及 Zinfandel，葡萄農配合氣候和土壤種下適合的品種，更小心的照顧，讓加州的葡萄酒產業從此改頭換面，不過許多小型的酒莊也因此倒閉。

挺過病蟲害的侵襲後，正當加州葡萄酒產業重新起步之時，1920 年起美國政府實施禁酒令，葡萄酒產業可說幾乎完全崩盤。1933 年解禁後，加州僅存生產優質紅酒的酒廠屈指可數，接著又遇到經濟大蕭條和二次世界大戰，加州的葡萄酒產業發展不斷受阻。

1960 年代加州葡萄酒產業終於有了起色，羅伯．蒙岱維（Robert Mondavi）在禁酒令後，在納帕郡山谷建了第一座新酒廠，開啓了加州葡萄酒復興風潮，許多重視品質的酒廠紛紛選在索諾瑪和聖克魯斯（Santa Cruz）落腳。（圖 5-2）1970 年代，加州葡萄酒

圖 5-2 羅伯．蒙岱維酒廠

的生產版圖逐漸向南延伸到蒙特雷郡（Monterey County）和聖塔芭芭拉郡（Santa Barbara County），同時在奧勒岡州（Oregon）種植的 Pinot Noir，也開始受到重視。

1976 年英國酒商主辦「巴黎品酒會」，加州酒擊敗法國酒，更在一夕之間改變了酒評家的觀感，加州葡萄酒終於揚眉吐氣。1980 年代，更北邊的華盛頓州（Washington）以波爾多和隆河的葡萄品種釀酒，也開始獲得肯定，內陸的俄亥俄州（Ohio）、密西根州（Michigan）及東岸的紐約州（New York），都有生產葡萄酒的能力。

美國葡萄酒產業歷史約 300 多年，發展時間雖短，卻是世界第四大生產國，僅次於西班牙、義大利及法國，創造出截然不同的葡萄酒文化，一方面美國是個移民社會，不僅對外來文化接受度高，更能融合與創新，因此美國葡萄酒其最大的特色就是除了重視傳統外，更運用科技及研發能力，包括利用供水系統灌溉、配合日照改變種植排列方式、酒窖濕度控制、導入氣象衛星偵測系統、機械化耕種、採收等，使得美國葡萄酒的產量和品質都相當穩定。美國葡萄酒深受人文技術的影響，呈現多樣的新面貌，並躍升爲與歐洲相抗衡的新世界葡萄酒王國。

進入 20 世紀，出現許多影響美國葡萄酒的釀酒大師，除了前面提到的羅伯．蒙岱維，不吝與同業分享他在橡木桶熟成上的技術，同時持續教育消費者，並致力於提升葡萄酒餐飲至藝術的境界。另一位重大影響的人物，是師承法國釀酒技術的俄國釀酒師安德烈．切立契哲夫（André Tchelitscheff），他工作的波里歐酒莊（Beaulieu Vineyards）是少數在禁酒令期間，仍持續栽種葡萄的葡萄園之一，持續種出成熟的 Cabernet Sauvignon，切立契哲夫開發出避免葡萄樹受到霜害的技術，在發酵過程中導入溫度控制等，影響許多美國的釀酒師，是提升加州葡萄酒品質的重要人物之一。

此外，美國釀酒廠更積極把葡萄酒帶入日常生活，在推動餐酒文化上不遺餘力，許多知名的酒廠都建立食材園，做餐酒搭配的研究，並教育消費者，甚至在酒標上註明適合搭配的餐點。

美國在葡萄種植和釀造的學術研究及技術發展上，更是獨步全球。1880 年加州大學設立葡萄種植與葡萄酒釀造課程，1933 年禁酒令解除後，在加州大學戴維斯分校（University of California, Davis）成立「葡萄種植與葡萄酒釀造學系」（Department of Viticulture and Enology），目前已是世界首屈一指的葡萄種植及釀造的學術研究機構。（圖 5-3）

圖 5-3　加州大學戴維斯分校設有葡萄種植與葡萄酒釀造學系，致力於葡萄酒研究

一、美國葡萄酒的分級

美國葡萄酒分區方式，為原產地名稱（Appellations of Origin）加上美國葡萄種植區（American Viticultural Areas, AVA）制度，原產地名稱可以是一個州的名稱，也可以是一個郡或是一個葡萄種植區，截至 2012 年，美國有 206 個葡萄種植區。葡萄種植區是由美國酒菸稅務暨貿易局（Alcohol and Tobacco Tax and Trade Bureau, TTB）畫定，一個葡萄種植區可以大到橫跨數個州，例如上密西西比河谷葡萄種植區（Upper Mississippi River Valley AVA）就包含 4 個州，面積達 7 萬 7,000 平方公里；也可以小到一個郡的小產區，例如加州門多西諾郡（Mendocino County）的科爾蘭契（Cole Ranch），只有 250,000 平方公尺左右，還不到 1 平方公里。

圖 5-4 加州葡萄酒

冠上原產地名稱的葡萄酒，使用原產地所產的葡萄須在一定的比率以上，例如原產地名稱為州，則釀酒的葡萄必須有一定比例來自此州。（圖 5-4）如果標示的是郡，則使用的葡萄須有 75%來自該郡。若標籤上提及 AVA，則葡萄酒中的釀酒葡萄必須有 85%來自這個區域。

AVA 是由美國政府規定的，主要是要區別各葡萄種植區的地理特徵、氣候、土壤、海拔、物理特徵和一些歷史傳統，並不是對酒的分級或是品質保證，且葡萄酒種植區並沒有規定葡萄酒製作過程一定要在這些地區進行。

美國對葡萄酒的標示也有一些相關規定，標示年分的酒，必須是以該年分 95%以上的葡萄釀造；標示葡萄品種的酒，則必須以 75%以上該品種的葡萄釀製，在奧勒岡，則須超過 90%。

二、主要產區介紹

主要產區有：加州、太平洋西北地區。（圖 5-5）

- **華盛頓州**
  - 氣候：緯度與法國波爾多相當，日照良好、氣候溫暖的山區。喀斯喀特山脈阻擋太平洋潮濕的海風，夏天炎熱，冬天寒冷，日夜溫差大。
  - 土壤：爲冰河形成的玄武岩砂土、黃土和礫石。
  - 葡萄品種：紅葡萄以梅洛、卡本內．蘇維濃、希哈爲主；白葡萄則是夏多內、麗絲玲、榭蜜雍最多。
  - 產區特色：重要種植區有哥倫比亞谷（Columbia Valley）、亞克馬谷（Yakima Valley）和瓦拉瓦拉（Walla Walla）。

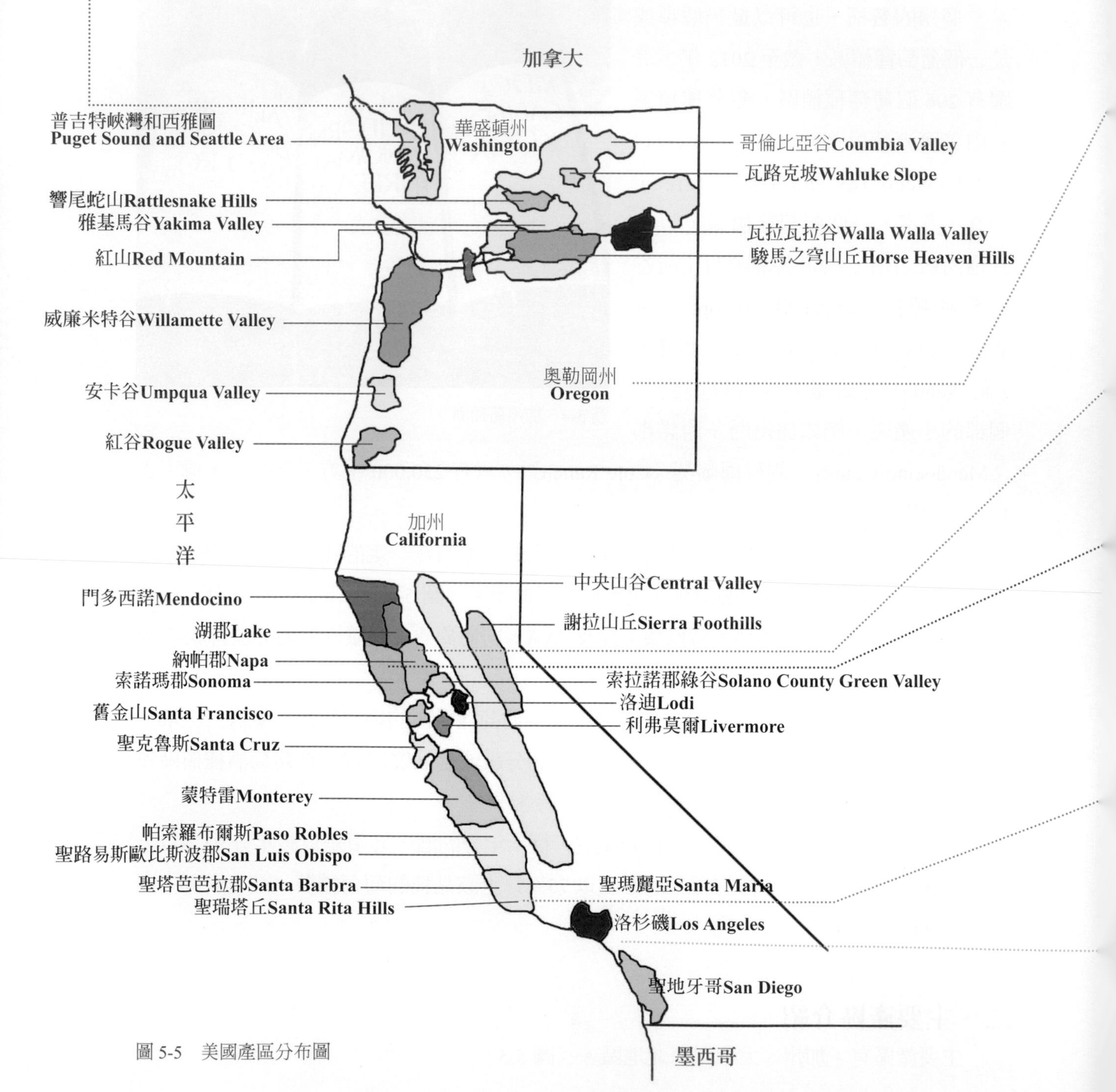

圖 5-5 美國產區分布圖

奧勒岡州

- 氣候：與法國勃根地緯度相近，受到太平洋的影響，氣候濕涼，強勁海風加上長時間日照，夏天溫暖，秋天涼爽，葡萄有足夠時間成熟。
- 土壤：紅色火成岩黏土、玄武岩崩積土、沈積壤土組成的威拉肯茲沖積土（Willakenzie Alluvial soil），排水良好，使黑皮諾帶有櫻桃和黑色莓果香氣，單寧也十分強勁。
- 葡萄品種：黑皮諾、灰皮諾、白蘇維濃、格烏茲培明那、麗絲玲。
- 產區特色：1976 年巴黎舉行的大型葡萄酒盲飲比賽，Pinot Noir 紅酒勇奪第二名，打敗 600 多支酒，其中有許多是勃根地知名酒莊，打響名號。產量全美排名第四，有約 250 家酒廠，多聚集在喀斯喀特山脈（Cascades）西側的威廉米特谷（Willamette Valley）。

納帕郡山谷（Napa Vally）

- 氣候：靠海岸線受太平洋海洋型氣候影響，往內陸大陸型氣候影響變得更明顯，多數種植在這兩種氣候環境交叉區。
- 土壤：當地的土壤爲複雜多層次的沈積土，加上納帕河沖刷下來的火山土，使土壤肥沃而多樣化。
- 葡萄品種：品種多樣，最重要的紅葡萄品種有卡本內．蘇維濃、梅洛、黑皮諾、金芬黛、希哈等；白葡萄有夏多內、白蘇維濃、白梢楠、灰皮諾、維歐尼耶等。
- 著名產區：奧克維爾（Oakville）、拉塞福（Rutherford）。

索諾瑪（Sonoma County）

- 氣候：太平洋海洋型氣候的影響, 往內陸大陸型氣候影響變得明顯，大多數加州葡萄種植在兩種氣候環境的交叉地區。
- 土壤：土壤相當多樣化，從砂土和礫石，到頁岩和海洋沈積土等。
- 葡萄品種：白葡萄則有夏多內、白蘇維濃、白梢楠、灰皮諾、維歐尼耶等。紅葡萄有卡本內．蘇維濃、梅洛、黑皮諾、金芬黛、希哈等。
- 產區特色：較著名的有以黑皮諾聞名的 Russian River Valley，以金粉黛著名的 Dry Creek Vally。

聖塔芭芭拉郡（Santa Barbara County）

- 氣候：冬天相對溫和，但較爲潮濕，夏天涼爽溫暖。靠海氣溫偏低，也會受到霧氣的影響。
- 土壤：鹹性砂土和肥沃的黏土。
- 葡萄品種：白葡萄有夏多內、白蘇維濃、麗絲玲；紅葡萄有卡本內．蘇維濃、黑皮諾、希哈。
- 產區特色：蒙特雷郡充滿大型的酒廠，白酒充滿熱帶水果特色。利弗莫爾谷（Livermore Valley）多種植白葡萄、聖塔克魯茲山（Santa Cruz Mountains）以 Cabernet Sauvignon 聞名。

加州南部區

- 氣候：受西面的海洋性氣候和東面的大陸性氣候的影響，Lodi 產區擁有典型的地中海氣候。
- 土壤：中央谷地由兩大河流共同沖積而成的谷地，爲沖積的沉積土壤。
- 葡萄品種：白梢楠、鴿籠白（Colombard）、巴貝拉（Barbera）、夏多內。Lodi 產區出產老藤金粉黛富盛名。
- 主要產區：有 Diablo Grande、Fresno County、Lodi、Madera、River Junction、Salado Creek、Tracy Hills 和 Yolo County8 個小產區。

第二節 澳洲

澳洲的葡萄酒歷史從18世紀末開始，當時生產的大多是口感豐富的紅酒；進入19世紀，淘金潮帶來大批的歐洲移民，葡萄酒的需求大增，各種葡萄品種及各種型態的葡萄酒誕生，跟歐洲不同的是，澳洲的釀酒師有無限寬廣的自由發揮空間，沒有法令的限制，沒有規則，更沒有極限。

進入20世紀，澳洲的葡萄酒風格丕變，1930年代轉而釀造波特酒，以滿足歐洲的波特酒愛好者。1960年代，餐酒成爲時尚，1961年，奔富酒廠（Penfolds）的Bin 61A，在法國的一項盲飲評比中，贏得最佳波爾多大獎。70年代，白酒風潮湧現，革命性的「盒裝酒」（Bag in Box）誕生，至今仍影響澳洲和美國葡萄酒的包裝和運送。

70年代，另一股澳洲的新勢力崛起，不少釀酒師脫離大酒廠獨立門戶，以自己的名字另起爐灶，到了80年代，口感豐富、果味濃郁，不酸的白酒或是紅酒，成了澳洲葡萄酒的主流。但過去十多年來，澳洲致力於釀造更爲細緻的葡萄酒並設定2025年，要成爲全世界第一的高級餐酒出口國。

澳洲是個面積與美國差不多大的大陸，氣候可分爲兩種類型，南部的省大致爲冬、春季多雨，早秋和夏天乾燥的天氣，與美國加州比起來，比較沒有受到海洋的影響。北部地區偏向熱帶氣候，降雨多，氣溫和濕度偏高。

澳洲的葡萄種植區域大多在東南部，產區的土壤各有特色，雖然水是影響葡萄種植的主要因素，但隨著科技進步，灌溉技術早就是可以解決的問題。75%的澳洲葡萄酒都產於澳洲南部3個灌溉區，但無止盡的陽光、肥沃的土壤和涼爽的夜晚，已足以彌補水的不足了。（圖5-6）

澳洲釀酒廠的科技化和創新居世界之冠，講究安全衛生和效率，釀造出品質和價格穩定的葡萄酒。中型酒廠的設備已經超越歐洲，設有小型實驗室，電腦化控制不鏽鋼發酵槽，並使用冷藏技術，可以在白葡萄搾汁後立刻低溫發酵。

圖5-6 澳洲的葡萄園

澳洲沒有原生的葡萄品種，目前栽種的多爲世界上廣受歡迎的釀酒葡萄品種。白葡萄品種包括：Chardonnay、Riesling、Semillon、Muscat、Sauvignon Blanc；紅葡萄品種則有：Shiraz（Syrah）、Cabernet Sauvignon、Pinot Noir、Grenache、Merlot 等，其中 Cabernet Sauvignon 所釀紅酒頗受好評，被視爲是澳洲波爾多紅酒，以 Coonawarra 爲主要產地，過去多會混合 Shiraz，但近年來逐漸傾向傳統法國波爾多的風格，混入 Merlot 或 Cabernet Franc。

Shiraz 則是另一具代表性的紅葡萄品種，雖然 1970 年代維多利亞區大部分的 Shiraz 品種已被拔除，改種當時流行的 Chardonnay 和 Cabernet Sauvignon，但近年來有回復傳統的趨勢，將 Shiraz 視爲澳洲的珍貴品種。在南澳地區的 Shiraz 則在這段時間發展出非常有潛力的特質，也將澳洲酒的高級品推上了國際。

一、澳洲葡萄酒的分級

澳洲葡萄酒的分級法規爲原產地標示制度（Geographic Indications, GI），用來保護澳洲的葡萄酒產區，但並不像法國的 AOC 或義大利的 DOC，規範葡萄品種、產量和釀造方式，也不保證酒的品質，GI 制度可分爲以下幾個層級：

1. 大區間（Zone）：如東南澳（South Eastern Australia）、南澳（South Australia）等，有些大區間的區域涵蓋一個以上的省。
2. 產區（Region）：葡萄年產量超過 500 噸，有 5 個以上種植面積大於 5 公頃的獨立葡萄園，目前產區等級在澳洲超過 60 個產區。此特級的特色是種植區域獨立、葡萄種植特色明顯，如伊頓谷（Eden Valley）。
3. 次產區（Sub-region）：次產區葡萄種植特色更爲鮮明，如高伊頓（High Eden）。

若葡萄酒標示產地，須 85%以上的葡萄來自所標示的產地；允許標示一個以上的產地，但須 95%以上的葡萄來自酒標上的產地，且以所占比率以遞減的方式標出。

如果酒標標示一葡萄品種，表示這瓶酒有 85%是標示的品種所釀製；若混合多種葡萄，則須以所占比率遞減標示出所含的葡萄品種。標示年分則須有 85%以上的葡萄爲該年分收成的葡萄，如果葡萄酒混合多種葡萄，則須標出其所含的葡萄品種。

二、主要產區介紹

澳洲有 6 個省，其中 4 個省產葡萄酒，大型酒廠在澳洲的葡萄酒產業中占有重要地位，例如 Penfolds 占了澳洲葡萄酒產量的 35%以上。（圖 5-7）

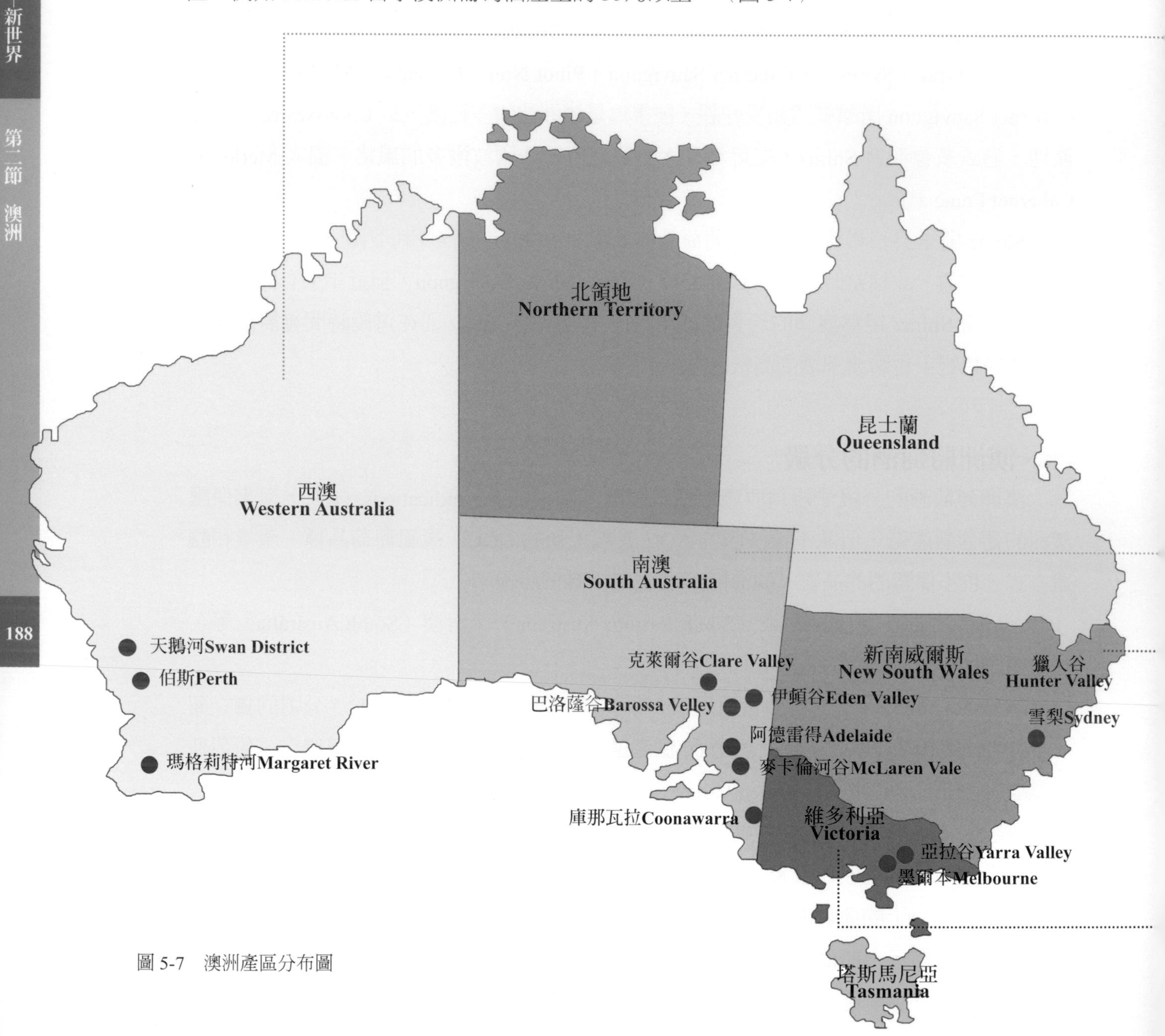

圖 5-7 澳洲產區分布圖

西澳（Western Australia）

- 氣候：典型的海洋氣候，冬季溫和，夏天溫和，吹著印度洋的涼爽海風。
- 土壤：乾燥的礫石。
- 葡萄品種：白葡萄以夏多內為主；紅葡萄有卡本內·蘇維濃、梅洛。
- 產區特色：將卡本內·蘇維濃混合梅洛，力道強勁又高雅以瑪格莉特河（Margaret River）為代表是西澳產量最大的產區，重要產品有瑪格莉特河（Margaret River），天鵝河（Swan River）靠近西澳的大城伯斯（Perth）。

南澳（South Australia）

- 氣候：氣候多變，澳克維爾（Riverland）地區為炎熱的大陸型氣候；巴洛薩谷（Barossa Valley）氣候相較溫和，但仍炎熱、乾燥；庫那瓦拉（Coonawarra）產區雖然乾燥，但較涼爽；阿德雷得（Adelaide）受海風影響，氣候較溫和涼爽。
- 土壤：土壤類型多樣化，各產區不同，阿德雷得、澳克維爾為上層沙質土壤下層為石灰岩和泥灰岩。巴洛薩谷則為沙土、壤土及黏土。庫那瓦拉的土壤有上層為風化的石灰岩下層為石灰岩及一種混和紅壤土和石灰石的「脫鈣紅土」（Terra Rossa）
- 葡萄品種：白酒以麗絲玲、夏多內、白蘇維濃為主；紅酒是卡本內·蘇維濃、梅洛、希哈。
- 代表性酒莊：Penfolds；Henschke Hill；Wolf Blass。

新南威爾斯（New South Wales）

- 氣候：亞熱帶型氣候，夏天非常熱，秋天潮濕，每個年分的葡萄品質差異很大。
- 土壤：土壤類型多樣，包括砂質壤土和黏質壤土，Hunter產區散布紅棕色石灰岩土，其他地區則有玄武岩和花崗岩。
- 葡萄品種：白葡萄以夏多內、榭密雍、維歐尼耶為主；紅葡萄有希哈、卡本內·蘇維濃等。
- 產區特色：以獵人谷（Hunter Valley）為主，是澳洲最著名的產區之一。

維多利亞（Victoria）

- 氣候：氣候多變，西北部是炎熱的大陸性氣候，亞拉河谷（Yarra）是溫和的海岸氣候。
- 土壤：土壤類型多樣化，東北部是紅色壤土，也有沙質的沖積土；其他地區則是含有石英及頁岩的礫石土。
- 葡萄品種：紅葡萄以黑皮諾為主；白葡萄以蜜思嘉。
- 產區特色：亞拉谷（Yarra Valley）是維多利亞高品質葡萄酒產區的領頭羊，種植高品質的黑皮諾。

第三節　紐西蘭

紐西蘭（New Zealand）位於南緯 36 ～ 45 度之間，是世界上最南端的產酒國。19 世紀初北島開始植葡萄，但直到 20 世紀後期才發現紐西蘭涼爽的氣候非常適合生產高品質的白酒。紐西蘭政府在 1960 年代開始發展葡萄酒產業，最初效法的是氣候相仿的德國而種植了大量的穆勒．圖高（Müller．Thurgau），因產量過盛，在 1985 年部分剷除。

最近十多年，紐西蘭的葡萄酒品質逐漸提升。南島產區在 1970 年代開始發展，紐西蘭最大的酒廠蒙他拿（Montana）到南島尋找土地種植更多的葡萄；選上平坦且日照良好的馬爾堡（Marlborough），一開始種的也是穆勒．圖高，同時實驗性的種植少量的白蘇維濃。沒想到無心插柳，個性強勁辛辣的白蘇維濃在不到 50 年內就在世界掀起一陣旋風，讓國際著名的品酒家都盛讚是世界第一，凌駕經典法國羅亞爾河產區。（圖 5-8）

紐西蘭為海洋性氣候，葡萄成熟期長。北島較為炎熱，降雨較多，有些地區甚至已經屬於亞熱帶氣候，但涼快時又類似法國布根地；南島則較為涼爽，乾燥。土壤為黏土和肥沃的壤土，混合礫石和砂土。

紐西蘭葡萄酒大部分在酒標上會標示釀造酒的葡萄品種，重要的葡萄品種包括 Sauvignon Blanc、Chardonnay、Müller．Thurgau、Riesling、Chenin Blanc 等；紅葡萄則以 Cabernet Sauvignon 為主，釀出的高品質的紅酒，常會混合少量的 Merlot。另外，也有一些地區種植 Pinot Noir，產量也在提升中。

1996 年，紐西蘭建立「產地認證」（Certified Origin）制度，證明葡萄酒為紐西蘭生產，但不像歐洲的分級制度，並未嚴格規定釀酒的葡萄品種和釀造方式。產地認證規定，須以 85％的酒標標示品種釀造葡萄酒，例如酒標上標註 Sauvignon Blanc，就須 85％的 Sauvignon Blanc 釀製，並標示其他品種所占比率。年分酒也必須含 95％以上該年分收穫的葡萄釀造，如果有標葡萄產地，則釀酒的葡萄須 80％以上產自該產區。

圖 5-8　紐西蘭馬爾堡著名的 Cloudy Bay 酒廠葡萄園

主要產區介紹

目前北島有 6 個，南島有 4 個。每個產區種植環境獨特，出產的葡萄酒也各不相同。（圖 5-9）

吉斯伯恩（Gisborne）

- 氣候：全年都享有充足的光照，屬於海洋性氣候。
- 土壤：淤泥和黏土（壤土）的混合土壤，很好的排水性。
- 葡萄品種：以白葡萄爲主，有夏多內、白蘇維濃、維歐尼耶等。
- 產區特色：位於紐西蘭的最東邊位於波弗蒂灣（Poverty Bay）畔，靠近國際換日線，全世界最早看見太陽的地區，緯度介於南緯 35°～45° 之間。

霍克斯灣（Hawke's Bay）

- 氣候：海洋性氣候日照充足，秋季乾爽，葡萄熟成快。
- 土壤：肥沃的河流和冰河沖積土壤和礫石，適合卡本內．蘇維濃，可釀出結構緊實的紅酒。
- 葡萄品種：卡本內．蘇維濃、夏多內、希哈等爲主。
- 產區特色：紐西蘭歷史最悠久及最好的產區之一。

馬爾堡 Marlborough

- 氣候：海岸型氣候，日照充足，夜晚涼爽，秋天乾燥。
- 土壤：表層是含有大量砂石的黏土，下層是易於排水的鵝卵石土層。
- 葡萄品種：白葡萄以白蘇維濃爲主，夏多內、麗絲玲也有很好的表現；紅葡萄是黑皮諾。
- 主要產區：阿瓦特爾谷（Awatere Valley）、Wairau Valley 及 Southern Valleys。

中奧塔哥 Central Otago

- 氣候：大陸性氣候，夏季短暫日炎熱乾燥，冬季寒冷。
- 土壤：上層多黃土和沖積淤泥，下層爲砂礫，排水性良好。
- 葡萄品種：白葡萄以夏多內、白蘇維濃、麗絲玲；紅葡萄是黑皮諾。
- 產區特色：是世界上最南的產區，是紐西蘭唯一一個具有大陸性氣候的葡萄酒產區。大部分的葡萄園都種在向陽坡。

圖 5-9　紐西蘭產區分布圖

第四節　智利

智利是南美洲最重要的葡萄酒生產國之一，生產葡萄酒的歷史可以追溯至16世紀中期的歐洲殖民時期，1548年一名神父爲了進行天主教的聖餐儀式，開啓了智利的葡萄種植史。智利許多傳統的葡萄品種，例如帕伊斯（Pais），在美國加州被稱爲教會葡萄（Mission grape）都是因此而繁衍出來。

智利在1818從西班牙獨立，19世紀中葉，引進法國的葡萄品種包括Cabernet Sauvignon和Merlot，由法國的釀酒師指導，在新大陸釀造舊世界風格的葡萄酒，從此智利的葡萄酒受到法國的影響，直至今日，許多知名的酒廠如Los Vascos，就是法國五大酒莊之一的Château Lafite Rothschild所有。

19世紀當根瘤蚜蟲病摧毀歐洲的葡萄園時，智利的葡萄酒產業仍健康的成長，國際間的名氣愈來愈響亮，1889年甚至獲得巴黎博覽會的大獎。進入20世紀，智利的葡萄酒仍然蓬勃的發展，1960年後因政局不穩及葡萄酒需求減少，智利的葡萄酒產業開始下滑，1970年，甚至有一半以上的葡萄園荒廢。

直到1979年，西班牙著名的酒廠Torres至智利興建酒廠，引進現代的釀酒技術和科技，10年後，智利的葡萄酒產業終於止跌回升，葡萄園面積增加，生產的酒首次外銷。1995年實施生產規範及分級制度，智利的葡萄酒逐漸在世界葡萄酒舞台占有一席之地。

智利國土形狀狹長西側是長達5,000公里的海岸線，東側爲高達7,000公尺的安地斯山脈，北側是廣闊的沙漠，南側爲南極，葡萄種植區域一般在南緯32～38度之間。智利地形多變，土壤相當多樣，一般而言是肥沃的壤土混合黏土和石灰岩。氣候雖然炎熱，但有太平洋和南極的洪保德海流帶來的涼風調節，加上沿海山脈抵擋海風，少霜害，夜間的低溫利於葡萄酸度形成，內陸大部分的葡萄園都靠安地斯山脈雪水灌溉。

目前智利種植最普遍的葡萄是Cabernet Sauvignon，其次則是Pais和Merlot；白葡萄則以Chardonnay和Sauvignon系列最多，智利的Sauvignon多爲綠蘇維濃（Sauvignon Vert）。另一種知名的紅葡萄則爲卡門內（Carmenère），這是法國波爾多的古老品種，智利的釀酒師正在努力以Carmenère單一品種釀造葡萄酒，也有驚人的表現，受到國際市場的重視。

1985年智利通過了智利酒標法規，酒標必須標明製造者、容量、酒精度，如果釀酒時有摻入直接可食用的葡萄（table grapes）而非全用釀酒葡萄，也必須註明。1995年法規增加標示品種和年分的規定，例如標註Cabernet Sauvignon, 2000, Maipo Valley，就必須有75%的葡萄符合這項描述，至於標有Riserva和Gran Riserva等陳年窖藏酒，則只有酒標上有產地的酒可以標示，但是法令並未規定什麼樣的酒才可以標上Riserva和Gran Riserva。

主要產區介紹

從北到南有 5 個大產區，分別是阿他加馬（Atacama Region）、科金博（Coquimbo Region）、阿空加瓜（Aconcagua Region）、中部谷地（Central Valley Region ）、南部產區（South Region）。（圖 5-10）

科金博（Coquimbo Region）

- 氣候：接近沙漠型氣候。
- 土壤：有沖積土「棕土」，也有多石的丘陵土壤。由於古代海床和安第斯山的構造，Limari 的土壤爲智利罕見的石灰岩。
- 葡萄品種：紅葡萄以卡本內．蘇維濃和希哈混釀，白葡萄以白蘇維濃和夏多內混釀。
- 子產區：艾爾基谷（Elqui Valley）、利馬裡谷（Limari Valley）和趙帕谷（Choapa Valley）。

阿空加瓜（Aconcagua Region）

- 氣候：地中海氣候，跟南部的 MaipoValley 相較，偏涼爽。
- 土壤：沉積碎石和沉積物所構成。
- 葡萄品種：紅葡萄品種爲主，有卡本內．蘇維濃、梅洛、卡門內、希哈，卡門內（Camenère）。
- 子產區：阿伯特谷（Apalta）、克洛斯．阿伯特（Clos Apalta）、蒙德斯富樂（Montes Folly Syrah）、維斯卡斯（Los Vascos）。

中部谷地（Central Valley Region）

- 氣候：爲地中海型氣候，但受安第斯山脈和太平洋影響的河谷地帶，涼爽且雨量少。
- 土壤：沖積砂質土，鈣含量高。
- 葡萄品種：白葡萄是夏多內、白蘇維濃；紅葡萄是卡本內．蘇維濃、卡門內（Carmenere）。
- 子 產 區：Maule Valley、Maipo Valley、Rapel Valley、Curió Valley。

南部產區（South Region）

- 氣候：溫和的地中海型氣候，溫暖、潮濕。
- 土壤：土壤類型多樣化，有天然的沙土含砂礫，也有黏土質 及山岩灰土壤。
- 葡萄品種：以 Pais 爲主，還有亞歷山大麝香、黑皮諾、麗絲玲、夏多內。
- 子產區：Itata valley、Bio Bio valley、Malleco valley。

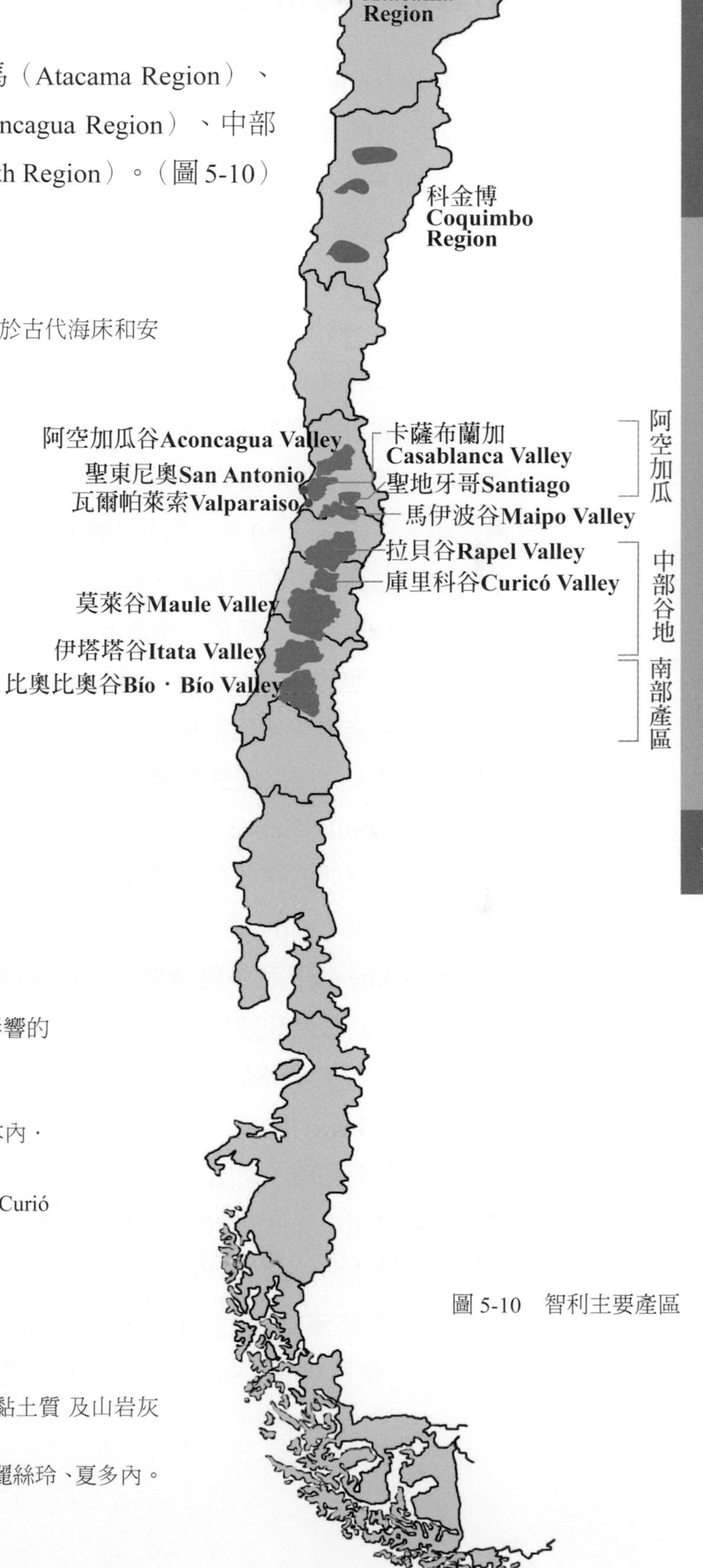

圖 5-10　智利主要產區

第五節　阿根廷

阿根廷的葡萄酒發展與智利類似，約1550年從秘魯傳入阿根廷。據載，1557年，耶穌會的牧師在阿根廷東北部開闢葡萄園，1561年發展至門多薩（Mendoza）；1569～1589年間，聖胡安（San Juan）建立葡萄酒產業，目前都已成爲阿根廷的葡萄酒產業重鎮。阿根廷也有類似加州教會葡萄的「Criolla Chica」，酒廠大都聚集在安地斯山脈的山腳下，以溶雪灌溉。

阿根廷1822年獨立，隨著鐵路興建，可運到布宜諾斯艾利斯供給廣大的國內市場；船運則用來出口。1885年，英國人艾德蒙德．諾頓（Edmund Norton）到門多薩建酒廠，首先從法國引進葡萄在阿根廷種植。雖然在19世紀末、20世紀初，阿根廷因爲歐洲的移民潮和海外投資，成爲世界上最富有的國家之一，但受到1930年代經濟蕭條重創，阿根廷陷入谷底長達50年，直到1980年政經情勢趨於穩定後，葡萄酒產業才隨之復興，並開始出口高品質的葡萄酒，直至今日，阿根廷的葡萄酒產量已居世界翹楚，已被視爲是極具潛力的高品質葡萄酒產區。

主要的葡萄酒產區大多位於乾燥的高地，屬於大陸型氣候，有密集的日照，日夜溫差大，雨量非常少，但多集中在葡萄的生長季節，而阿根廷的葡萄酒農，也利用安地斯山脈的溶雪，發展出優良的灌溉系統。土壤則是壤土和黏土，夾雜著礫石和石灰石。

雖然Criolla Crande和另一種紅葡萄塞雷薩（Cereza）占阿根廷種植葡萄的一半以上，但阿根廷最經典的紅葡萄品種要屬馬爾貝克（Malbec），其次伯納達（Bonarda，美國加州稱爲沙邦樂Charbono），Cabernet Sauvignon居第三。白葡萄則以佩德羅．希門尼斯（Pedro Giménez）和多隆帝斯．里奧哈諾（Torrontés Riojano）兩種阿根廷特有的品種爲主。因受到西班牙殖民的影響，Tempranillo也很常見。

阿根廷沒有嚴格的葡萄酒法規，雖然成立了國家葡萄栽培學院（Instituto Nacionale de Vitivinicultura, INV），但這個機構主要的任務是管理葡萄產量和葡萄酒出口，並沒有制定管理葡萄品種、產區及葡萄酒釀造技術的法規，僅規定酒標上若標示某一葡萄品種，葡萄酒就必須以80%的該品種葡萄釀造。

唯一的例外是門多薩省，1993年依照風土區分產區和葡萄品種，第一個畫分出來的產區爲路漢得庫約（Luján de Cuyo），其他還有麥普（Maipú）、聖卡洛斯（San Carlos）、聖拉斐爾（San Raphael）和聖馬丁（San Martin）。

主要產區介紹

主要產區有：薩爾塔（Salta）、聖胡安（San Juan）、門多薩（Mendoza）、黑河（Rìo Negro）（圖 5-11）

圖 5-11　阿根廷主要產區

薩爾塔（Salta）

- 氣候：多屬大陸性氣候，夏季炎熱、冬季寒冷，半乾旱的荒漠環境。
- 土壤：多爲沙土的沖積土。
- 葡萄品種：以托倫特斯（Torrontes）、馬爾貝克、卡本內．蘇維濃、塔納（Tannat）爲主。
- 產區特色：薩爾查奇思山谷（Valles Calchaquíes）位於薩爾塔省北部，夏季晝夜溫差較大，高達 18℃。有全世界海拔最高的葡萄園，如高達海拔 2,000 米的聖佩德羅（San Pedro）的亞克丘雅（Yacochuya）和高達 2,300 米科洛姆（Colomé）。

聖胡安（San Juan）

- 氣候：屬於大陸性氣候，夏季炎熱、冬季寒冷，高地的氣燥乾燥。
- 土壤：屬於含黏土和沙子的沖積土。
- 葡萄品種：有希哈、馬爾貝克、卡本內．蘇維濃、伯納達（Bonarda）、夏多內、托倫特斯。
- 產區特色：阿根廷第二大葡萄酒產區；氣候炎熱乾燥，雖雨量稀少，屬半沙漠化的土地，又缺乏優良灌溉條件，主要依靠安第斯山脈融雪充足的灌溉水源。

門多薩（Mendoza）

- 氣候：極端大陸型氣候、半乾旱荒漠環境。
- 土壤：沖積土、黏土，上覆蓋著鬆散的沙土。
- 葡萄品種：托倫特斯、伯納達、馬爾貝克、希哈、卡本內．蘇維濃。
- 產區特色：位於蜿蜒西向的安第斯山脈「雨影區」，阿根廷最大、最重要的葡萄酒產區。以馬爾貝克葡萄釀製尤爲出名。

黑河（Rìo Negro）

- 氣候：屬大陸型氣候、乾燥多風、溫度適宜。
- 土壤：土質層深厚，表層土壤多石，非常適合栽培葡萄樹。
- 葡萄品種：麗絲玲、夏多內、格烏茲培明那、白蘇維濃、梅洛、黑皮諾、馬爾貝克。
- 產區特色：位於阿根廷巴塔哥尼亞高原，阿根廷最南端的葡萄酒產區。

第六節　加拿大

加拿大素有「楓葉之國」的美譽。加拿大的國土面積是世界上第二大的國家，而海岸線長度居世界首位，西起太平洋，東至大西洋，北接北冰洋，南方及西北方與美國接壤。由於幅員遼闊且地形多樣，加拿大的氣候在不同地區會有明顯差別。加拿大兩個最大的葡萄酒產區，分別是安大略省（Ontario）和不列顛哥倫比亞省（British Columbia, BC），這兩個產區生產出全國約 98%的葡萄酒。另外，魁北克省和新斯科細亞省也逐漸嶄露頭角。

全加拿大共約 550 家以上的酒廠，30,000 英畝（12,150 公頃）葡萄園。加拿大葡萄的種植史，可回朔到 1860 年代，歐肯納根教會（Okanagan Mission）在不列顛哥倫比亞省種植葡萄，但直到 1866 年時在安大略省的彼利島（Pelee Island）才開始量產葡萄酒，1890 年，加拿大已經有 41 家的酒廠。

加拿大冬天酷寒，春天降霜，葡萄生長季節非常短，因此大部分的葡萄園都分布在湖邊，利用湖水調節氣候。雖然氣候是加拿大葡萄種植最大的不利因素，卻也爲釀造冰酒（Ice Wine）創造最有利的條件（圖 5-12）。加拿大冰酒與德國冰酒類似，以麗絲玲和白威代爾（Vidal Blanc）釀製。根據 VQA 規定，冰酒在葡萄收成季節時先不摘收，須歷

圖 5-12
加拿大的冰酒

經冰雪的冰凍，直到來年溫度低於 15℃，葡萄結凍到汁液全都凝固，再以手工摘取，此時的葡萄甜度提高，含汁量 1,000 公斤的冰凍葡萄，此時只能產出約 600 公升的葡萄汁，但糖份提高到 45％，600 公升的葡萄汁最後只能製成約 150 公升的冰酒，所以冰酒之珍貴，不無道理。由於加拿大的冬天比德國還要冷，因此加拿大也成了世界上最大的冰酒生產國。

一、產區及認證管制

加拿大每一省都有各自的酒類管制局，負責控管生產和銷售。酒類管控系統始於 1988 年安大略省成立的葡萄酒商品質保障聯盟（Vintners Quality Alliance, VQA），分為省分產區和地理產區兩種分級，負責管控調節生產、界定種植區、保證質量、監督標籤法。1990 年英屬哥倫比亞也跟進，制定了相關的法規。

加拿大的酒類認證系統，屬於「指定葡萄產區」（Designated Viticultural Areas, DVA），共分四大產區，分別為安大略省、英屬哥倫比亞、新斯科細亞省（Nova Scotia）和魁北克省（Quebec）。

根據 VQA 的規定，加拿大的冰酒不可以加糖，不可以人工冷凍的葡萄製作，也不可以發酵後再加入未發酵的葡萄汁。冰酒發酵完成後，殘糖含量必須達 35Brix degree，約每公升的殘存糖 125 公克，而冰酒的酒精含量，須完全從葡萄汁中的糖分發酵而來。

加拿大的葡萄酒以白酒為主，採用的葡萄品種主有夏多內、灰皮諾、白蘇維濃、麗絲玲、格烏茲塔明那。目前紅葡萄的種植比例還在增加中。葡萄主要種植區域在安大略省的尼加拉半島（Niagara Peninsula）和不列顛哥倫比亞省的歐肯納根谷（Okanagan Valley）等，主要的品種有卡本內 · 蘇維濃、梅洛、黑皮諾。隨著餐飲習慣的變遷，相信假以時日，加拿大的葡萄酒會漸入佳境。

二、主要產區介紹

主要產區有：安大略省、英屬哥倫比亞省兩大產區。（圖 5-13）

圖 5-13　加拿大主要產區

英屬哥倫比亞

- 氣候：有多種微氣候型態。該產區主要是屬於大陸性氣候。
- 土壤：北部的土壤類型主要是冰川時期的石頭、細沙、粉土和黏土，而南部主要是沙石和礫石。
- 葡萄品種：紅葡萄有黑皮諾、卡本內．弗朗、梅洛；白葡萄有麗絲玲、夏多內、格烏茲培明那、白蘇維濃、灰皮諾。
- 主要產區：主要有 5 個產區（指定葡萄種植區域，VA）有 奧肯那根山谷（Okanagan Valley）、斯密爾可米山谷（Similkameen Valley），菲沙河谷（Fraser Valley）、溫哥華島（Vancouver Island）和海灣群島（Gulf Islands）。

魁北克省（Quebec）

- 氣候：氣候條件較惡劣，冬季寒冷且漫長，葡萄成長期較短，平均光照時間只有法國波爾多的一半。
- 土壤：土壤類型十分多樣，包括沙土、砂質壤土、葉岩、板岩、礫石以及黏土與淤泥的混合物。
- 葡萄品種：威代爾（ Vidal）最爲常見，其次是聖克羅伊（St. Croix）、芳提納（Frontenac）等紅葡萄品種。
- 產區特色：雖然冰酒產量相較於加拿大全部冰酒總量偏低，但品質佳、名氣高，所以價格居高不下。威代爾的葡萄皮較厚，十分適合釀製冰酒。

新斯科細亞省（Nova Scotia）

- 氣候：地處海洋之畔，氣候卻像溫和的大陸性氣候
- 土壤：土壤質地豐富多樣，類型包括黏土、黏質壤土和砂質壤土等
- 葡萄品種：白葡萄有阿卡迪亞布蘭科（L'Acadie Blanc）被譽爲是新斯科舍省的招牌葡萄品種，也種植少量的夏多內和黑皮諾。
- 主要產區：從北到南依次是馬拉加斯半島（Malagasy Peninsula）、安納波利斯山谷（Annapolis Valley）、拉哈夫河谷（LaHave River Valley）和熊河谷（Bear River Valley）。

安大略省

- 氣候：溫和的大陸性氣候。
- 土壤：主要爲黏土及河流和湖泊遺留下的沉積土。
- 葡萄品種：白葡萄品種有麗絲玲、夏多內、格烏茲培明那、白蘇維濃。紅葡萄品種有黑皮諾、加美、卡本內．弗朗、梅洛、卡本內．蘇維濃。
- 主要產區：有 3 個法定葡萄種植區域，分別是尼亞加拉半島（Niagara Peninsula）、伊利湖的北岸（Lake Erie North Shore）和皮利島（Pelee Island）。 而尼亞加拉半島（Niagara Peninsula）是加拿大最大的 VA，出產加拿大 80% 的葡萄。

第七節　南非

南非是一個具有多樣文化傳統的國家，其多樣性的文化吸引著世界各地的遊人。南非的地理位置處於非洲高原的最南端，東、西、南三面邊緣地區屬沿海低地，北面有高山環抱。南非葡萄酒產量是歐洲產區外最大的葡萄酒生產國，大量生產易飲的葡萄酒，以南端開普敦省「葡萄酒之路」爲著名景點。

南非葡萄酒發展於 1652 年，1685 年在開普敦市附近創建了康斯坦提亞（Constantia）酒莊，第一批葡萄酒誕生，之後康斯坦提亞遂成爲南非葡萄酒業的中心，釀製的加強型甜白酒非常受到歐洲貴族之間的歡迎。但 1866 年時，南非葡萄樹也受到來至歐洲大陸根瘤蚜蟲病的感染，造成了產量長達 20 年的低迷。20 世紀初，開始大量種植高產量的葡萄品種仙索（Cinsaut），因大量種植造成產量過剩、市場滯銷，有鑑於此，1918 年南非酒農聯合協會（KWV）成立，該協會負責控制全國的葡萄產量、制定葡萄酒相關規定。之後，除了葡萄酒也開發白蘭地和加烈酒的市場，南非的葡萄酒產業在世界葡萄酒市場得以穩定。

南非葡萄酒產業有值得一書的突破性事件發生於 1925 年，派柔教授（PHD.Perold）成功地採用黑皮諾（Pinot Noir）和仙索葡萄（Cinsaut）雜交產出新品種皮諾塔吉（Pinotage），1961 年，釀造出第一瓶皮諾塔吉葡萄酒。20 世紀 80 ～ 90 年代，隨著種族隔離政策結束，國際資金的進入，加上新的釀酒技術及國際葡萄品種的引入，如夏多內、席拉茲和卡本內 · 蘇維濃，再次將南非的優質葡萄酒，推銷進國際市場。

南非葡萄酒的發展起始於 1652 年，當時只有 33 歲的荷蘭外科醫生尙 · 凡 · 瑞貝卡（Jan · Van · Riebeeck），被荷蘭東印度公司（Dutch East India Company）派到南非，擔任第一任總督，當時主要是荷蘭政府爲降低航行至印度的船員患敗血病的機率，將他派到南非建立一個新鮮蔬果的供應站，而瑞貝卡便開始在這裡種植葡萄和釀酒，經過 7 年的培育，1659 年第一批葡萄酒誕生，也開啓了南非葡萄酒的新頁，因此被稱爲「南非葡萄酒之父」。

由於南非地處非洲大陸最南端，夏季從 11 月延續至次年 4 月，長達 6 個月，氣候炎熱、乾燥，大部分地區都不適合種植葡萄，所以葡萄園大部分都集中在西南部大西洋沿岸地區的西開普省（Western Cape）。西開普省的葡萄園主要從東南向西綿延約 700 公里。由於南極洲飄來的本吉拉洋流使開普敦的氣候較同緯度的其他地區更爲涼爽，因此阿瓜哈斯（Agulhas）以西的產酒區域，如帕阿爾（Paarl）、斯泰倫博斯（Stellenbosch）和康斯坦提亞（Constantia）等地區的葡萄成熟期更爲漫長，釀製的葡萄酒也較爲優雅、細緻。豐富的葡萄品種，賦予了西開普省葡萄酒的多樣性，有果香怡人、口感圓潤、漿果味厚實的葡萄酒，也有清新典雅、口感活潑的葡萄酒。這些葡萄酒集合了舊世界的優雅高貴與新世界的野性果香於一體，呈現出獨一無二的口感，深受各國葡萄酒愛好者的喜愛。

南非白葡萄品種種類繁多，以白寇帝瓦（White Cultivas）占最多數，種植面積約爲85％（資料來源 2011 ASA），其次爲白梢楠，白梢楠在南非被稱爲斯第恩（Steen），其他還有白蘇維濃、夏多內、柯倫巴（Colombar）、榭密雍、麗絲玲和密思嘉。

南非種植的主要紅葡萄品種，是卡本內．蘇維濃、梅洛和卡本內．弗朗。近年來，希哈和本土特有葡萄品種皮諾塔吉也愈來愈流行，這個特有種在近 10 年來才逐漸受到國際重視，釀出來的葡萄酒的顏色很深，風味飽滿、濃郁，充滿了李子醬、煙草、黑莓、和甜椒氣息。一般皮諾塔吉是以黑色水果味爲主，不過在優異年分，也能呈現出如覆盆子、紅椒味等紅色水果味，但最吸引人的部分不在果味，而在於其他風味，如煙茶、樹葉、咖啡、巧克力和煙草氣息等。由於皮諾塔吉葡萄單寧含量極高，因此高品質的皮諾塔吉單寧強勁，餘韻中帶有一絲甜甜的煙草味，而品種天生偏低的酸度，釀酒師會在釀製發酵初期進行酸化處理，以便獲得理想平衡度。

主要產區介紹

南非有五大主要產區，分別是：海岸地區（Coastal Region）、柏貝格地區（Boberg Region）、布里德河谷區（Breede River Valley Region）、克林克魯地區（Klein Karoo Region）、奧勒芬絲茲河地區（Olifants River Region）。（圖 5-14）

克林克魯地區（Klein Karoo Region）

- 氣候：屬於半乾旱的沙漠地區，但地理位置使氣候偏向地中海型氣候。
- 土壤：多元複雜，包括沖積土、砂石、葉岩和貧瘠的黏土、壤土。
- 葡萄品種：白葡萄有夏多內、白蘇維濃、亞歷山大麝香；紅葡萄有黑皮諾、皮諾塔吉、田帕尼優。
- 主要產區：Tradouw、Upper Langkloof、Tradouw Highlands、Calitzdorp、Montagu。

奧勒芬絲茲河地區（Olifants River Region）

- 氣候：屬於典型的地中海型氣候。
- 土壤：深黑色的沖積土和含鈣質的紅色砂土。
- 葡萄品種：白蘇維濃、黑皮諾、格那希
- 產區特色：出產的白蘇維濃釀製酒是全南非風味最強勁的，也以黑皮諾釀出極具特色的酒。

布裡德河谷區（Breede River Valley Region）

- 氣候：屬於地中海氣候。
- 土壤：含有大顆礫石的沙地，深色質輕的沖積土、石灰岩和砂岩。
- 葡萄品種：白葡萄有白蘇維濃、白梢楠、夏多內、榭密雍、維歐尼耶；紅葡萄有卡本內．蘇維濃、皮諾塔吉（Pinotage）、梅洛、希哈、小維鐸（Petit Verdot）、馬爾貝克、巴貝拉（Barbera）。
- 產區特色：黑皮諾（Pinot Noir）和仙索（Cinsaut）雜交產出的特有種皮諾塔吉，在近20年來逐漸受到國際重視。

開普南海岸（Cape South Coast）

- 氣候：屬於地中海型氣候，也受大西洋涼爽氣候和印度洋溫暖氣候影響。
- 土壤：有花崗岩的砂岩、多碎石的頁岩、礫石，還有黏土和風化花崗岩。
- 葡萄品種：白葡萄有夏多內、白蘇維濃、維歐尼耶、麗絲玲；紅葡萄有黑皮諾、哈希、山吉歐維樹。
- 主要產區：Cape Aguihas、Elgin、Overberg、Plettenberg Bay、Swellendam、Wallcer Bay。

海岸地區（Coastal Region）

- 氣候：屬於地中海型氣候，夏季日照時間較長，晝夜溫差較大。
- 土壤：丘陵地以花崗岩和頁岩爲主。
- 葡萄品種：白葡萄有夏多內、榭密雍、白蘇維濃、白梢楠；紅葡萄有卡本內．蘇維濃、卡本內．弗朗、皮諾塔吉、希哈、黑皮諾。
- 主要產區：Stellenbosch、Darling、Constantia（南非最老的葡萄酒產區）、Franschhoek Valley、Tulbagh Wellington（南非葡萄樹培育之都，素以皮諾塔吉聞名海外）、Cape Point、Paarl。

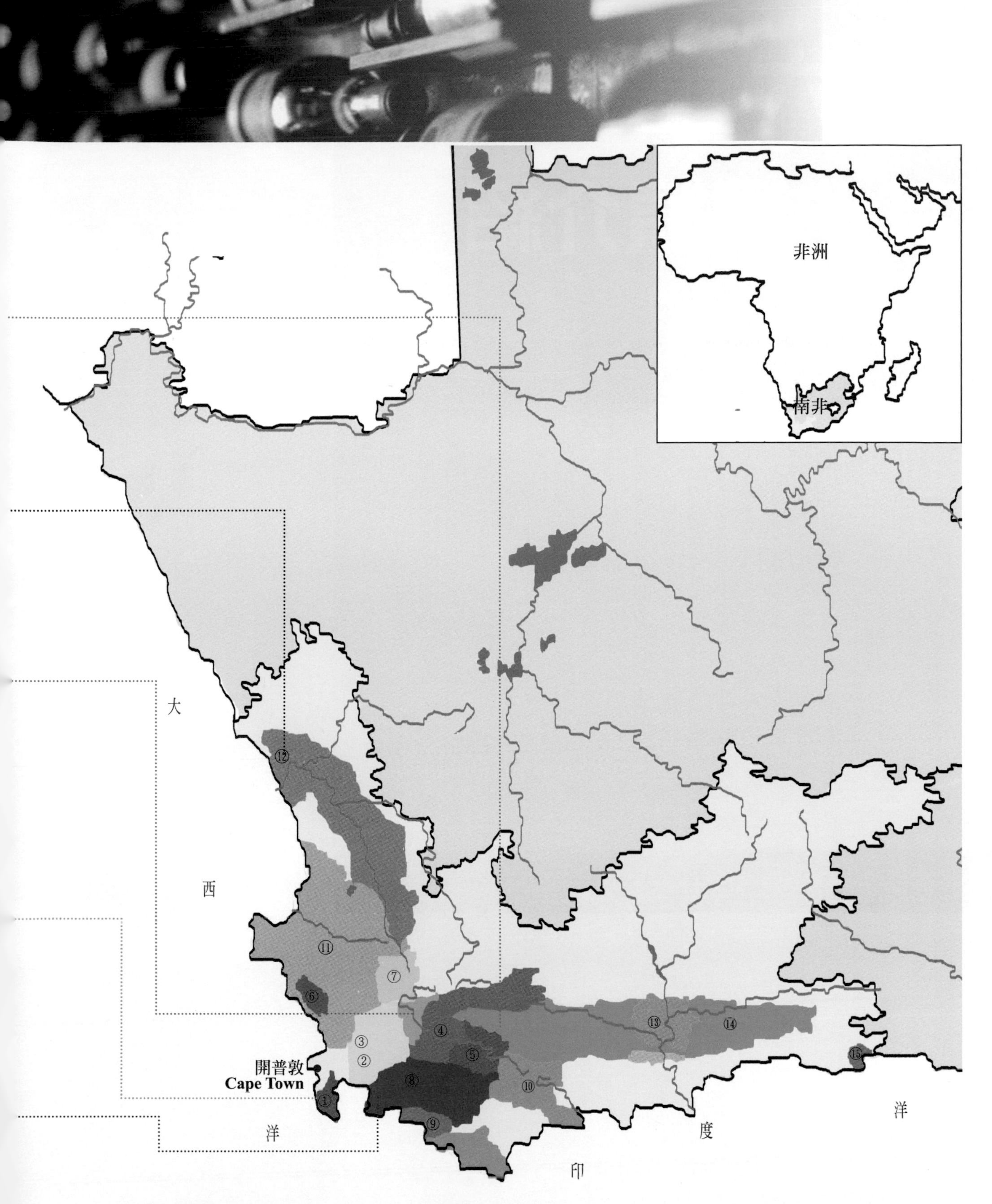

①康斯坦提亞 Constantia
②斯泰倫博斯 Stellenbosch
③帕阿爾 Paarl
④伍斯特 Worcester
⑤羅伯森 Robertson
⑥達令 Darling
⑦塔爾巴赫 Tulbagh
⑧埃爾金 Elgin
⑨赫曼努斯 Hermanus
⑩布雷達斯多普 Bredasdrop
⑪皮凱特山 Piketberg
⑫維敦達爾 Vrendendal
⑬卡利茨多普 Calitzdorp
⑭奧茨胡恩 Oudtshoorn
⑮普樂通山灣 Plettenberg Bay

圖 5-14 南非主要產區

第六章
其他酒類介紹

第一節　啤酒

第二節　烈酒

第三節　利口酒

身為侍酒師雖然大多的工作都是與葡萄酒有關，但廣義來看，侍酒師的工作包括餐飲中的各種飲料服務，因此也必須認識其他的含酒精類的飲料，本節介紹平時常見酒精飲料的基本知識，包括啤酒、烈酒。

第一節　啤酒

啤酒可說是日常生活中最常見的酒精性飲料，主要是用穀物和水製成，種類繁多，視使用的穀物、穀物烘焙的程度和酵母的種類決定。

一、原料

（一）大麥

大麥是啤酒主要的原料，大麥的澱粉含量達80%，一種稱為「澱粉酶」的酵素可以把澱粉轉化成可發酵的糖。

（二）啤酒花（Hop）

除了水和穀物外，啤酒花是決定啤酒風味的關鍵原料之一，啤酒花的油脂會為啤酒帶來苦味、香氣和單寧，且不同的啤酒花也會左右啤酒的香氣和苦味。（圖 6-1）

圖 6-1　啤酒花

（三）酵母

啤酒發酵需要酵母，主要的酵母有兩種，一種與紅酒發酵酵母相同，一般為上層發酵酵母，須在溫暖的環境下發酵，發酵時會產生泡沫，像蓋子一樣浮在發酵槽的頂端。釀出來酒帶有豐富的果香，口感滑順，泡沫柔細，如愛爾啤酒（Ale）、司陶特（Stout）啤酒，都是用這種酵母發酵，發酵時間短，約只要 3 天～ 1 周。

另一種，是在發酵槽中的液體下層發酵，發酵溫度大約為 1 ～ 3℃，發酵時間至少需要 2 周，釀出來的啤酒清新、爽口，泡沫感較強烈，如拉格啤酒（Lager，亦稱窖藏啤酒），德國巴伐利亞地區生產的啤酒，在寒冷的環境下也是採用此種發酵方式釀製。

（四）水

麥芽的水分少，因此釀製啤酒須加水，但水中的礦物質會影響啤酒的風味，因此許多啤酒廠都會強調釀酒的水質，有些甚至打著天然水、礦泉水釀造。一般強調口感清新的拉格啤酒，會使用軟水；而風味濃烈的愛爾啤酒傾向使用硬水，增添啤酒的風味。

（五）添加物

釀啤酒時會填加其他穀物來增添風味，一般歐洲啤酒會加發芽的小麥麥芽，比利時啤酒則加不發芽的小麥，也有啤酒廠會在非大麥產季時，添加玉米或米一起發酵，以填補澱粉量，卻又不致於影響啤酒的風味。

二、啤酒釀造

啤酒的釀造步驟如下：

1. 發芽：為了讓大麥的澱粉變成糖，須讓大麥變成麥芽（Malt），首先將大麥泡在水中，待大麥發芽，啓動澱粉酶，將澱粉轉化成糖，數天之後，烘乾麥芽。烘乾的溫度會影響澱粉酶能否繼續作用、麥芽的顏色和風味，當然也會影響啤酒型態與味道。烘乾的溫度低，麥芽顏色淺；烘乾的溫度高，麥芽顏色深，且糖分也會「焦糖化」，而釀出像牛奶糖色般的淺棕色啤酒，高溫也可能烤焦麥芽，釀出來的啤酒不只顏色深，也會帶苦味和咖啡般的香氣。
2. 製作麥汁：將大麥磨碎、加水、烹煮、攪拌，讓糖和澱粉溶到水中，再將液體濾出成為麥汁。
3. 烹煮麥汁：將麥汁放到銅製鍋爐（圖 6-2）中煮滾，約 2 小時，阻斷澱粉酶作用，並讓蛋白質等雜質沈澱，避免影響啤酒的清澈度，加入啤酒花，增添風味。

圖 6-2　臺北建國啤酒廠的鍋爐

4. 發酵：煮好的麥汁冷卻，倒入發酵槽中，加入酵母發酵。
5. 熟成：啤酒發酵完成，靜置、熟成一段時間。愛爾啤酒的處理方式，是放在木桶或槽中數天，讓泡沫更加細緻綿密；而拉格啤酒則存放在 0℃的環境下，約放 4 周以上，讓啤酒更為澄清，氣泡更加豐富。
6. 殺菌裝瓶：殺菌方式有二，一是加熱殺菌，再裝瓶；一種過濾殺菌，即生啤酒。（圖 6-3）

圖 6-3　啤酒裝瓶

三、啤酒的種類

啤酒依酵母的不同，區分為愛爾啤酒（Ale）和拉格啤酒（Lager）兩大類，而時下流行的比利時啤酒，以獨特的自然發酵啤酒（Lambics）技術，又自成一類。

（一）愛爾啤酒

利用上層發酵酵母釀造，果香濃郁，啤酒花風味較溫和，是大不列顛群島英國、愛爾蘭等的釀製方式。啤酒顏色深淺受烘焙麥芽的溫度控制，愛爾啤酒還有許多不同種類，常見的種類如下：

1. 淡色愛爾啤酒（Pale Ale）：呈琥珀色，啤酒花風味不突出，帶有溫和的堅果味。
2. 修道院愛爾啤酒（Trappist Ale）：只有比利時六家特拉普修道院（Trappist monastery）可以冠上修道院啤酒（Trappist Beer）標誌。臺灣常見有 Orval、Chimay、Rochefort、Westmalle 等。Trappist Ale 在瓶中進行熟成，也就是在瓶中繼續發酵，所以也會繼續產生氣泡，因此較為混濁，帶有葡萄酒般的果香。

圖 6-4　健力士啤酒

3. 司陶特啤酒（Stout）：顏色最深、最黑的愛爾啤酒，臺灣多稱黑啤酒，具有碳烤味、果味較淡。有甜、不甜的司陶特啤酒，不帶甜味的司陶特啤酒，充滿咖啡烘焙的香氣和強烈的啤酒花風味，口感濃郁豐富，酒精濃度不高，健力士啤酒（Guinness）是代表酒款。（圖 6-4）

（二）拉格啤酒

拉格啤酒是利用下層酵母在低溫環境下，發酵和熟成製成，泡沫豐富、酒質清澈、口感清新爽口。源自德國巴伐利亞地區的釀造方式，現在的東歐、德國也大多採用此方式，臺灣啤酒、日本麒麟啤酒（Kirin）、進口的海尼根（Heineken）（圖 6-5）、百威（Budweiser），都是拉格啤酒。拉格啤酒顏色的深淺與發酵無關，是由釀造麥芽顏色深淺決定。常見的幾種拉格啤酒：

1. 皮爾森啤酒（Pilsner）：最常見的拉格啤酒，Pilsner 名稱來自捷克的 Pilzn，酒體和酒精濃度適中，麥芽香氣較淡，啤酒花的苦味和香氣獨特，使得金黃色拉格啤酒襲捲全世界。百威、海尼根及大多的日本大啤酒廠，都屬於皮爾森啤酒風格。
2. 維也納式拉格啤酒（Vienna-Style Lager）：也稱馬岑（Marzen）式拉格啤酒，顏色呈紅琥珀色，麥芽風味明顯，帶甜味，酒精濃度高，酒體厚實。
3. 巴克啤酒（Bock）：傳統德國啤酒，顏色深而濃烈，多半在冬天釀造，春天上市。

圖 6-5　海尼根啤酒

（三）自然發酵啤酒

比利時啤酒在啤酒家族中獨樹一格，特別是在布魯塞爾（Brussels）地區。此款啤酒是以 30%小麥、70%麥芽爲原料，加水磨成麥汁後，放著，透過大自然中的野生酵母進行發酵。發酵過程不只酒精發酵，也有乳酸發酵，因此酸味強烈，顏色較淡，氣泡較少，發酵完成後會放在木桶熟成 3 年。（圖 6-6）

市面上常見的自然發酵啤酒，有古唯茲（Gueuze）與水果自然發酵啤酒兩種。Gueuze 是混合舊與新的自然發酵啤酒，口感很像香檳，帶有烘焙香和酸味。水果自然發酵啤酒是在自然發酵中的啤酒裡，加入大量的新鮮水果，須 2 年以上的釀製時間，口味包括櫻桃、覆盆莓、蘋果等，但不是所有的水果啤酒都是自然發酵啤酒。

圖 6-6　自然發酵啤酒

第二節　烈酒

烈酒（Spirit）是指以蒸餾方式（Distillation）製造的酒精飲料，大部分是以發酵的水果、穀物蒸餾而成。古埃及人已知利用蒸餾法製作香水，但直到十字軍東征後，歐洲人從阿拉伯學到蒸餾法製酒，蒸餾低酒精度的啤酒和葡萄酒，成為酒精濃度高的烈酒。

一、烈酒的製作

蒸餾製酒是利用酒精的沸點比水低的原理，水的沸點是 100℃，酒精的沸點是 78.4℃，而發酵含有酒精液體的沸點大概介於兩者間，因此煮沸時，酒精和水會蒸發變成氣體，剛開始沸騰時，蒸氣裡的酒精濃度會很高，此時收集蒸氣冷凝，就成為酒精濃度高的烈酒，經過反覆的蒸餾，液體的酒精濃度會愈來愈高。

蒸餾法一般分為兩種，單一蒸餾法（Pot Still）和連續蒸餾法（Column Still，亦稱塔式蒸餾）。單一蒸餾法是把發酵的汁液放進一個大釜中烹煮，頂端有一個如天鵝頸子般的開口讓蒸氣冒出，再引到冷凝器中凝結成為烈酒。單一蒸餾法煮完一鍋，就要再加入發酵的汁液，且蒸餾出的烈酒酒精濃度較低。

連續蒸餾法則是有兩個蒸餾塔，第一個蒸餾塔用來加熱發酵的汁液成為蒸氣，蒸氣被送到第二個塔裡凝結，液體可以一直送進蒸餾塔中，因此不必重新裝填，塔內有一些板子有助於凝結，因此可以蒸餾出酒精濃度高的烈酒。（圖 6-7）

圖 6-7　白蘭地蒸餾室

二、烈酒的種類

（一）白蘭地（Brandy）

以果汁蒸餾而成的烈酒統稱為白蘭地，也有一些白蘭地會使用葡萄酒為基底，或以其他水果發酵後蒸餾而成，例如蘋果白蘭地（Calvados）。

白蘭地一般在室溫直接飲用，不加冰塊稀釋，也不須先冰鎮，以鬱金香杯或杯腳較短的玻璃杯飲用，可以手掌托住杯身，藉由手溫將酒香散發出來。以下介紹幾種常見的白蘭地：

圖 6-8　知名的軒尼詩 XO

1. 干邑（Cognac）

干邑是世界上最著名的白蘭地，干邑也是地名、產區，位於法國波爾多的北部，當地有許多小型葡萄園，採收的葡萄就給蒸餾酒廠生產白蘭地。

製作干邑酒的主要葡萄品種為白于尼（Ugni Blanc），可釀出低酒精濃度、酸度明顯的葡萄酒，作為製作干邑酒的基底。干邑酒以銅釜進行單一蒸餾，銅釜導熱快，抗酸蝕，還可去除葡萄酒中的硫化物。

蒸餾後的酒必須放在橡木桶中陳年，干邑酒只用產自干邑附近兩處森林的橡木桶，為干邑酒增添色澤、香氣和單寧等風味，也是熟成干邑酒最獨特之處。干邑至少須在橡木桶裡熟成 2 年，並透過「計算系統」（Compte System）追蹤。依陳年時間長短，會在酒標上列示：

（1）VP（very superior）：指熟成 2 年的干邑。

（2）VSOP（very superior old pale）：指熟成 4 年以上的干邑。

（3）XO（extra old）：指熟成 6 年以上的干邑。（圖 6-8）

因為橡木桶的影響，干邑的色澤愈陳年會愈深，且陳年愈久，酒會揮發而變少，也會影響風味。裝瓶上市前會經過調和，包括調整酒精濃度至 40 度，也允許以焦糖增添色澤，但幾乎不標年分。

2. 雅瑪邑（Armagnac）

雅瑪邑也是法國傑出的白蘭地之一，雖然在臺灣的知名度不若干邑，但雅瑪邑的歷史比干邑更為悠久。有人形容干邑在法國白蘭地中的地位，有如波爾多，而雅瑪邑在法國白蘭地中的地位，則等同於勃根地。雅瑪邑產地在加斯科涅（Gascony），在波爾多的東南邊，位於大西洋和地中海間的山區。製作雅瑪邑的葡萄酒，大多由白于尼（Ugni Blanc）、白芙爾（Folle Blanche）、高倫巴（Colombard）3種葡萄品種釀製。（圖 6-9）

圖 6-9　法國傑出的白蘭地—雅瑪邑

與干邑不同，是雅瑪邑只蒸餾 1 次，並用當地的橡木桶熟成。雅瑪邑熟成速度比干邑快，陳年 2 年標上 3 顆星，VSOP 指的是熟成 2 年以上，XO 則是 6 年。另有熟成 10 年的會標上「Hors d'age」，雅瑪邑酒會標出年分及裝瓶日期。裝瓶時是直接從橡木桶抽出裝瓶，不調整酒精濃度，因此酒精度多在 40 ～ 48 度間，也可加焦糖增色。

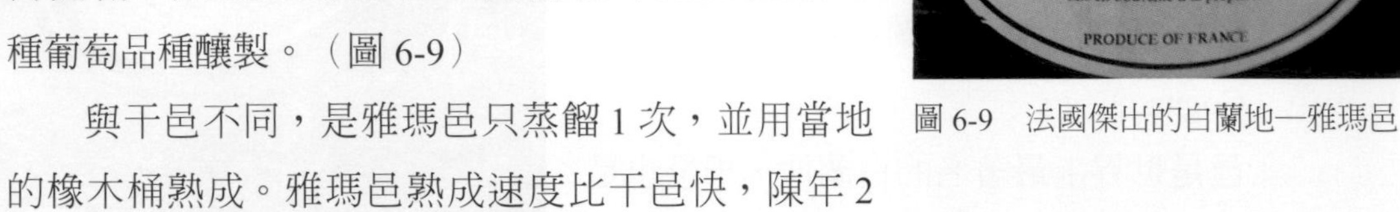

3. 酒渣白蘭地（Pomace Brandy）

許多白蘭地並不是用葡萄酒直接製作，而是用釀酒葡萄搾汁剩下的皮和籽等酒渣製作，起初的目的單純為了不浪費珍貴的葡萄。最著名的酒渣白蘭地是義大利的酒渣白蘭地，稱為「Grappa」，一譯為「義式白蘭地」。Grappa 大多是採用釀製 Nebbiolo、Barbera、Sangiovese、Chardonnay 等葡萄酒的殘渣製成，會放在木桶中陳年，現在也有酒廠利用橡木桶陳年。法國的酒渣白蘭地稱為「Marc」，阿爾薩斯、波爾多、勃根地等葡萄酒產區都有釀造。

（二）威士忌（Whisky）

威士忌的英文名稱，是由愛爾蘭人的語言蓋爾語（Gaelic）「生命之水」演變而來。威士忌多由穀物製成，包括大麥、裸麥、玉米等，其中以大麥最為重要。有些酵母會增加酯類、醛類或其他蒸餾產生的風味，這會影響威士忌的風味，因此酵母的選擇是決定威士忌特色的關鍵之一。（圖 6-10）

另一個影響威士忌的關鍵是水，跟白蘭地等水果製作的烈酒不同，白蘭地的原料是葡萄酒，水分來自水果本身，但穀物製作的烈酒，須先讓穀物泡水、發芽後，產生糖分，進行發酵，因此水中的礦物質、鹽分等成分，就會影響酒的風味，所以製酒的水源也常成為威士忌酒廠行銷的重點。飲用時加幾滴水也有助於散發威士忌的香氣，當然也可直接飲用，或加冰塊或微冰鎮再飲用。以下介紹幾種常見的威士忌：

圖 6-10 威士忌蒸餾廠

1. 蘇格蘭威士忌（Scotch）

世界上最知名，也可以說是最好的威士忌。蘇格蘭威士忌的名稱是受法律保護的，要標上蘇格蘭威士忌，從麥子發芽、麥汁搾取、發酵、蒸餾，到熟成，都須在英國蘇格蘭當地進行，且須在橡木桶中陳年 3 年以上。

蘇格蘭威士忌的麥汁製作過程和啤酒有點像，不同點在麥芽的乾燥方式。蘇格蘭是以泥炭爲燃料，烘乾麥芽，泥炭燃燒時產生煙霧，對麥芽有煙燻效果，使蘇格蘭威士忌帶有特殊泥炭味，酒廠會在烘乾麥芽時調整泥炭的比例。

熟成也是影響蘇格蘭威士忌的關鍵，通常用雪利酒、波特酒或蘇格蘭威士忌用過回收再利用的木桶來熟成，增添酒的風味。另外，蘇格蘭威士忌的熟成環境沒有做溫、濕度控制，酒精自然揮發，使酒質變得較柔、較淡，也會因產地氣候的氧化狀況，而影響酒的風味。

蘇格蘭威士忌裝瓶前，會先以不同橡木桶的酒和蒸餾水調和、過濾，陳年的時間以其中最年輕的一桶酒來算。如以陳年 20 年、18 年和 12 年的原酒調和，出廠時間會標上 12 年蘇格蘭威士忌。

蘇格蘭威士忌依製作原料的不同，也有許多不同種類：

（1）麥芽威士忌（Malt Whisky）：單純以大麥麥芽為原料製作，且以單一蒸餾法透過兩次蒸餾而成。常見的單一麥芽威士忌（Single Malt Whisky）（圖 6-11），是指以大麥麥芽為原料，由單一蒸餾廠製成的威士忌；而純麥芽威士忌（Pure Malt Whisky），也稱調和麥芽威士忌（Vatted Malt Whisky），通常是混合不同蒸餾廠的麥芽威士忌製成。

圖 6-11　單一麥芽威士忌

（2）穀物威士忌（Grain Whisky）：以大麥加上其他穀物製作的威士忌，包括燕麥、裸麥，或未發芽的小麥和玉米等。

（3）調和式威士忌（Blended Whisky）：混合麥芽威士忌和穀物威士忌。一般比例上麥芽威士忌占 60%，穀物威士忌占 40%。多會挑選陳年 5 年以上的威士忌，好的酒廠會選熟成更久的，混和後會再放幾個月，讓味道融合、風味較清爽、易入口，產值約占所有蘇格蘭威士忌的 95%。

2. 愛爾蘭威士忌（Irish Whisky）

愛爾蘭威士忌與蘇格蘭威士忌一樣，都有發展相當久遠的歷史，深具傳統卻有些許差異。最特別的是，愛爾蘭單一蒸餾威士忌，多採 100% 大麥製作，只有一小部分發芽的大麥，使得蒸餾出來的酒質較辛辣。雖也透過燒泥炭烘乾麥芽，卻須隔離煙和麥芽。再者，愛爾蘭威士忌須經 3 次蒸餾，並須經過 4 年的熟成才能上市。

3. 波本威士忌（Bourbon）

製作蒸餾酒的技術傳至美國後，因環境的差異，造成栽種作物的差異，也影響製酒的原料，所以威士忌傳到美國後，改以玉米製作。美國威士忌大多是從肯塔基州的波本郡（Bourbon County, Kentucky），運到俄亥俄州（Ohio），或經由密西西比河（Mississippi River）往南運到紐奧良（New Orleans），因此稱為波本威士忌。波本威士忌的原料 51% 是玉米，10% 大麥芽，剩下大多為裸麥，也有以小麥取代，製成較順口的波本威士忌。一般波本威士忌須以全新的橡木桶陳年 2 年以上，在木桶中讓自然環境發揮作用，若當地氣候乾燥導致水分蒸發，酒會變得濃郁。有些波本威士忌也會混合不同木桶的酒，再裝瓶，有些也只用單一木桶中熟成的酒裝瓶販售。（圖 6-12）

圖 6-12 波本威士忌

（三）伏特加（Vodka）

伏特加起源於波蘭和俄羅斯，是利用多餘的農作物製作而成，一開始是使用穀物，後來波蘭的伏特加改用馬鈴薯製作。事實上，大麥、小麥、馬鈴薯，甚至是葡萄，無論什麼原料都可以製作伏特加。

圖 6-13 透明如水的伏特加

原始的伏特加用大麥製作，和未熟成的威士忌很像，再以香草調味，掩蓋原本粗糙的質感。後來以木炭過濾，去除令人不悅的風味，成爲今天我們喝到的伏特加。依美國菸酒管制局（The Tobacco and Trade Bureau, TTB）定義「伏特加是一種中性的蒸餾烈酒，蒸餾後以木炭濾過其他物質，沒有特殊的調性、香氣、味道和顏色」。

伏特加採連續蒸餾法，蒸餾出酒精度高達 95%的伏特加。有些酒廠會購買高酒精度伏特加，經處理、稀釋後，再裝瓶販售。好的伏特加會經過 3 次蒸餾，有些甚至經過 5 次蒸餾，製作出中性的烈酒，有些會再經過水洗的過程，最後過濾、去除雜質，最終目的就是要做出清澈無味的伏特加。（圖 6-13）

伏特加裝瓶前會用水稀釋，若以礦泉水稀釋會影響伏特加的風味，因此一般都是用蒸餾水稀釋。近年來也有酒廠生產加味伏特加，將柑橘類水果、莓果、香草、咖啡、巧克力，甚至是辣椒的氣味，注入伏特加中。

由於伏特加無色無味，非常適合做爲調酒時的基酒；但也可以單獨飲用，一般會用 30 ～ 45cc 的小杯飲用伏特加，飲用前杯子最好先冷凍過。

（四）琴酒（Gin）

琴酒源自荷蘭，是以穀物製成的中性烈酒爲基底，再加上杜松子（Juniper Berry）製成的調味烈酒。早期的琴酒不只以杜松子調味，還會加入柑橘皮、肉桂、歐白芷（Angelica）、芫荽、茴香、葛縷子（Caraway）等香料和藥材，依每一家酒廠的配方，各有不同的風味。

琴酒蒸餾的方法有兩種，一種是把所有的藥草跟烈酒混合，再以單一蒸餾方式製成，香料植物的精油也會一起被蒸餾出來。第二種方式是將藥草放在一個籃子裡，再放置在蒸餾釜的頂端，讓蒸餾時的蒸氣通過萃取出植物氣味，最後這些蒸氣凝結的酒就會帶有味道，這種方式還可以去除一些比較厚重和粗糙的藥草味，製作的琴酒品質較爲細緻。

琴酒的種類很多，包括：

1. 荷蘭琴酒（Genever, Dutch Gin）：以大麥芽、玉米和裸麥爲原料，經發酵、蒸餾，製成中性烈酒，再以多種藥草調味。酒體很厚實，帶點油質的口感，具有麥芽和杜松子的香氣，適合冰鎮後直接飲用。
2. 倫敦琴酒（London Dry）：是一種不甜的琴酒，以連續蒸餾法製作，加上藥草後再蒸餾，適合用來調酒，或加通寧水後飲用。（圖 6-14）
3. 普利茅斯琴酒（Plymouth Gin）：在英國西南普利茅斯生產的琴酒，以軟水和小麥製作，再加上 7 種藥草調味，喝起來比倫敦琴酒順口和清爽。

（五）蘭姆酒（Rum）

是以甘蔗汁、糖蜜（Molasses）及其他製糖的副產品發酵，再蒸餾產生的烈酒。種植甘蔗的熱帶國家，都有自己的製法，因此也形成許多風格不同的蘭姆酒，其中又以加勒比海地區爲最。

圖 6-14　倫敦琴酒
常加通寧水飲用

市面上最常見西班牙式蘭姆酒（Spanish Rum），西班牙式的蘭姆酒大多是古巴和波多黎各生產，以糖蜜製成。糖蜜是糖結晶後留下的黏稠汁液，含有約5%的糖，將糖蜜發酵2～4天後，就可蒸餾成蘭姆酒。蘭姆酒口感清爽，沒有什麼特殊的味道，因此適合拿來調酒，許多著名的熱帶風情調酒，都是以蘭姆酒爲基酒。（圖6-15）

蘭姆酒蒸餾好，一般會先陳放2～3個月再上市，此時酒色呈白色透明，稱白蘭姆（White Rum）或銀蘭姆（Silver Rum）；如果陳放在木桶裡3年以上，呈現琥珀色，稱琥珀蘭姆（Amber Rum）或金蘭姆（Gold Rum）；有些酒廠會加焦糖增加色澤和風味。

牙買加和巴西也有生產蘭姆酒，稱牙買加蘭姆（Jamaican Rum）和Cachaça，口感較爲厚實，是把糖蜜混入前一次蒸餾剩下的殘存物後天然發酵，蒸餾後會放在木桶中陳年5～7年，適合直接飲用。而有巴西國酒之稱的Cachaça則是直接以甘蔗汁發酵，再蒸餾製成，帶有強烈蔗糖香，一般不陳年。

圖6-15　許多熱帶風情的雞尾酒以蘭姆酒爲基酒。

（六）龍舌蘭酒（Tequila）

墨西哥代表性的蒸餾酒，將龍舌蘭的芯蒸熟、榨汁、發酵，再蒸餾成爲烈酒。1970年代，墨西哥政府規定冠上龍舌蘭酒須百分之百以藍色龍舌蘭草（Blue Agave）製成，若有添加其他中性蒸餾酒，或以玉米等其他原料製成，須在標籤上註明「Mixto」，也就是混合之意。（圖6-16）

圖6-16　龍舌蘭酒

未熟成就上市販售的龍舌酒，稱爲白龍舌蘭酒或銀龍舌蘭酒；另外有陳年11個月～

2年和陳年3年以內兩種等級。由於熱帶地區酒的熟成快速，陳年4年以上的龍舌蘭酒，已經沒有什麼龍舌蘭的特殊風味，喝起來會比較像威士忌。

龍舌蘭酒酒精濃度高達55%，一般飲用時多配上萊姆和鹽喝，萊姆可以增加酒的酸味，鹽則是改變口感，先快速舔一口鹽，一口氣喝下龍舌蘭，再吸萊姆。此外，龍舌蘭酒也可以用來做爲調酒的基酒。

第三節　利口酒

利口酒是以烈酒爲基底調味或是加甜味的酒。數百年前歐洲人會拿酒調入藥草成爲藥酒治病，爲了讓藥酒不苦好入口，於是加入甜味，演變成爲現在的利口酒。利口酒大半是以當地盛產的烈酒爲基底，從白蘭地、威士忌到伏特加都有，大半都是選擇沒有什麼特殊味道的中性烈酒。

圖6-17　在台灣相當常見的貝禮詩香甜奶酒

用來調味的材料更是多樣，從水果類的覆盆子、櫻桃、柳橙，甚至還有哈蜜瓜。而咖啡、杏仁、奶油和巧克力也很常見。甜味的來源，包括糖和蜂蜜；水果口味的利口酒則可利用水果本身的甜味；目前大多數的酒廠都是以糖漿，因較易溶入酒精，較便利。（圖6-17）

利口酒製作方式非常簡單，把調味的材料泡到烈酒裡，讓酒精溶出味道；另一種則是用滲濾，讓烈酒滲過調味的材料即可，這種方式製成的味道比較淡，但可以避免溶出苦味。當調味完成後，再以糖漿加入甜味，利口酒就完成了。許多人會在家以高粱酒泡梅子，變成梅酒，就是一種自製的利口酒。利口酒也可以用來調酒、料理，或直接加冰塊飲用，用途和喝法非常廣泛。

表 6-1　常見利口酒

原文名稱	中文譯名	基底酒	調味材料
Baily's Irish Cream	貝禮詩香甜奶酒	愛爾蘭威士忌	奶油和巧克力
Kahlua	卡魯哇咖啡酒	中性烈酒	咖啡
Cointreau	君度橙酒	中性烈酒	柳橙
Grand Marneir	柑曼怡香橙干邑甜酒	干邑	柳橙
Amaretto	杏仁香甜酒	中性烈酒	杏仁
Chambord	香波酒	干邑	覆盆子

第七章 葡萄酒的品嘗與搭配

第一節　品飲葡萄酒的技巧

東西方文化不同，飲酒文化也有極大的差異化。西方的酒類以水果釀造爲大宗，且以發酵酒爲主，蒸餾酒爲輔；而東方則以五穀雜糧類釀製的酒爲大宗，且以蒸餾酒爲主，發酵酒爲輔。釀酒文化的差異也反應在飲酒習慣中，呈現極大的不同，再加上蒸餾酒和發酵酒的酒精強弱屬性不同，也發展出不同的品嘗方式。

俗話說：「茶需靜品，酒需熱鬧。」品茶方式與西式的品酒方式極爲類似。茶需觀色、聞香、品飲、餘韻等步驟；西式的葡萄酒品飲技巧也需發揮視覺—觀察顏色（Appearance）、嗅覺—判別香味（Nose）、味覺（Palate），再加上餘韻的分辨（After Taste），品飲葡萄酒和品茶兩者間的道理相近，將品茶的觀念發揮在品飲葡萄酒上，就能逐漸抓到要領。

在這裡介紹的葡萄酒品嘗方式，主要精神是來自於侍酒大師（MS）提姆．蓋瑟（Tim Gaiser）的「演繹式品飲法」。在 CMS 侍酒師的盲飲測驗中，考生有 25 分鐘識別出六種葡萄酒的年分，葡萄品種和產區國別，因此 Tim 整理出「演繹式品飲法」，無論是新手或是專家，都可以藉此提升品酒技巧。（圖 7-1）

在品酒之前，我們必須先了解每個人的感官都有所差異，對酒的接受度和敏感度也不一樣。有人可能對單寧特別敏感；有人則是對酸味敏感。有人喜歡偏甜的酒；有人卻不喜歡。有人喜歡偏好 Cabernet Sauvignon 等單寧強烈的葡萄酒；有人卻覺得苦澀難以入口，但這是個人喜好。也就是說，即使你不喜歡某一風格的酒，它仍可能是一瓶製作精良的酒，身爲一個侍酒師，更要思考這種個人口味喜好造成的差異，在推薦葡萄酒時以消費者的立場，詳實客觀的陳述不同風格的葡萄酒，讓消費者可以依其喜好選擇。

圖 7-1　品飲葡萄酒，可利用一次品嘗多種葡萄酒，比較其中的差異

另外，品酒和飲酒不同，品酒需要一次品嘗多種酒款，腦袋必須保持清醒，才能做出正確的品評和判斷，因此一般專家品酒時會先吸一口酒在口中漱一漱，讓酒與空氣混合，把酒的風味留在口中後，再把酒吐掉，就不容易喝醉，以保持精準的分析，品飲時也可以利用本書附錄中的品酒筆記表，一邊品酒一邊記錄，累積品酒的心得與經驗。

一、品飲的準備

1. 光線：自然光是最好的選擇，也可以白熾燈泡的穩定光源取代，避免在螢光照明的環境下品酒，並準備白紙或是白色的背景，以方便觀察酒的顏色。（圖 7-2）
2. 酒杯：酒杯不必太昂貴，但必須是標準型式的葡萄酒杯，且無刻紋，若只能選擇一個酒杯，則建議使用 ISO 杯。材質以水晶杯或強化鈦為佳，後者價格平實，亦可清楚表現出葡萄酒的風味，當然也可以選擇杯型，用波爾多杯型品嘗波爾多酒；用勃根地杯型嘗勃根地酒，可以更清楚表達不同酒類的風味。
3. 空氣：確認環境中沒有外來的氣味干擾，包括香水、古龍水、菸味、大蒜等強烈食物的氣味。
4. 溫度：酒應該保持在適合飲用的溫度，需要醒酒的酒款也應事先準備。
5. 搖杯：搖晃杯子目的是要讓葡萄酒與空氣快速接觸，有醒酒作用，讓酒香能快速散發出來，充滿杯子的空間，以便我們分辨酒中的各種香味。搖晃杯子時應手持杯腳，順時針小幅度的旋轉，讓酒沿著杯身順時針轉動。

圖 7-2　品酒應選擇光線充足的場所，圖為品酒教室

二、品飲的步驟

（一）視覺

視覺是品酒最容易被忽略的一點，其實酒汁的顏色透露許多訊息，也說出眞話，包括酒齡、產區、窖藏狀態等。可以依以下幾個要素來判別：

圖 7-3　酒汁的顏色透露許多訊息

1. 清淨度：清澈還是朦朧？清澈的話有可能是美國酒或新世界的酒，因爲美國酒大多數都經過過濾，酒汁清澈明亮，且可以消除殘留的酵母菌，避免再度發酵，窖藏時容易變質；但也有人認爲酵母菌和礦物質被濾掉了，濾除了葡萄酒原始的許多風味。濾或不濾沒有對錯，不同的葡萄品種會有不同的做法，像 Chardonnay、Pinot Noir 等品種並不需要過濾，但皮比較厚的葡萄品種如 Cabernet Sauvignon 若沒有過濾，單寧的味道就會太過強勁霸道。（圖 7-3）
2. 光澤：指的是葡萄酒反射出的光澤。先傾斜酒杯，找一個白色的背景，觀察光線在杯中的反射和酒汁在玻璃杯邊緣產生的色度。光澤的層級一般可以分爲混濁、朦朧、暗沉、明亮、白日般明亮、星光般明亮、閃亮等，判別方式如表 7-1：

表 7-1　葡萄酒的光澤層級與判別

<table>
<tr><th>光澤</th><th>判別</th></tr>
<tr><td>混濁／ Cloudy</td><td rowspan="2">可能是老年分的酒。
未經過濾殘留酵母等沈澱物的酒。
有缺陷或變質的酒，可以嗅覺判定。</td></tr>
<tr><td>朦朧／ Hazy</td></tr>
<tr><td>暗沈／ Dull</td><td>品質不穩定，可能過度發酵的酒。</td></tr>
<tr><td>明亮／ Bright</td><td rowspan="4">四者間指的是光線反射在酒體中呈現的明亮程度。
閃亮的酒裝瓶可能不到一年。
閃亮的酒沒有任何瑕疵，色澤亦會淡如清水。
德國 Mosel 產區的 Riesling 或者是紐西蘭的 Sauvignon Blanc 會呈現閃亮的光澤。
紅酒顏色和色素沈澱，阻止大量光線反射，因此很少會使用「閃亮」來形容光澤。</td></tr>
<tr><td>白日般明亮／ Day Bright</td></tr>
<tr><td>星光般明亮／ Star Bright</td></tr>
<tr><td>閃亮／ Brilliant</td></tr>
</table>

3. 色澤：這是以視覺觀察葡萄酒中非常重要的一環，也可以判別出葡萄酒年齡和狀態，因為酒的顏色是熟成過程中的指標，葡萄酒應在保存良好的酒窖中陳年，如果保存在冰箱中或者是溫度沒有妥善控管的環境中，都可能影響酒的陳年，有可能無法適當的熟成；或者是過度氧化。酒汁的顏色可以透露出酒是否在適當的環境下，緩慢的熟成。白酒、紅酒和粉紅葡萄酒會有不同的形容詞，如表 7-2：

表 7-2　白酒、紅酒、粉紅葡萄酒的色澤形容詞

白葡萄酒	粉紅葡萄酒	紅葡萄酒
白中帶綠／ Green	粉紅色／ Pink	紫色／ Purple
麥桿色／ Straw	鮭魚色／ Salmon	紅寶石色／ Ruby
黃色／ Yellow	棕色／ Brown	石榴色／ Garnet
金黃色／ Gold	－	黃棕色／ Yellow
棕色／ Brown	－	棕色／ Brown

一般而言，不同葡萄品種和酒齡都會影響葡萄酒汁的顏色，許多白酒經過陳年後，顏色會從麥桿般的淡黃色逐漸變得金黃，例如年輕的 Sauvignon Blanc 則會是稻草色略帶綠色，而 10 年以上的勃根地白酒則是深金黃色。

而紅酒年輕時會帶有紫色調，有些酒年輕時顏色比較深且濃，但酒齡愈高，顏色會慢慢轉變為紅寶石色，有的酒則會呈現磚紅色。像年輕的薄酒萊新酒則是呈現淡紫色，而 15 年以上的 Barolo 則是會是淺到中間的紅褐色，或是紅寶石色。

觀察酒的色澤時，一樣要以白色的背景觀察，仔細看玻璃杯的外緣或是杯中的酒液，在描述時可以實體物品的顏色比喻，愈具體愈好，並加上淺、中、深的程度描述。

以一瓶紐西蘭的 Sauvignon Blanc 為例，將瓶身傾斜至於白色背景，仔細看玻璃瓶的外緣，你會看到少許綠色；也有可能是銀色或無光澤的黃銅色。顯示出是年輕的酒、釀酒的葡萄由較冷的氣候所生產。白酒中所呈現的綠色，是未熟成葡萄中的葉綠素所致，所以大多數的年輕白葡萄酒都會呈現一些綠色的色澤。（圖 7-4）

圖 7-4　Sauvignon Blanc
酒色會帶些許綠色

酒的顏色能透漏其年齡外，也能看出健康狀況。假如有人在晚宴時給你一瓶白酒，說這是來自某某酒莊最新的 Chardonnay，但它看起來像糟糕的尿液樣本，你會立即知道這有問題。同樣的，一瓶新年分中且高價位的 Napa Cabernet，顏色應爲鮮艷的紅寶石色，而非紅褐色。

圖 7-5　紅酒會有邊緣顏色的變異

4. 邊緣顏色的變異：所謂酒液邊緣的顏色，是指酒液在杯中或酒杯邊緣的顏色差異，這是判別新舊酒的依據。品嘗 10 年左右的紅酒時，應該會注意到杯中的顏色層次，在杯子中央的酒，顏色會比在杯子邊緣的酒來的深，或者會有不同階層顏色的變化。各年分的紅酒很容易看出邊緣顏色的種類；然而白酒只有在陳年一定時間時才會呈現。紅酒窖藏愈久，顏色層次就越多。（圖 7-5）
5. 沉澱物或微粒：不論白酒或紅酒，都有可能在酒中發現沉澱物。有些白酒會出現微小、不透明，類似碎玻璃的白色晶體，這是酒石酸或是酒石酸鹽，會在任何酒中出現。大部分的釀酒廠會在將酒裝瓶前用冷穩定（Quick-chill）的方式讓白酒降溫至接近冰點，除去多餘的酒石酸鹽。有些釀酒廠選擇不讓它們的酒用這方式結晶，因此，當這些酒放在冰箱或冰桶時，就會不可避免的出現酒石酸鹽。

   將酒稍微加熱可以讓這些晶體重新溶解在酒中，在軟木塞底部或瓶頸部位發現深色晶體狀的酒石酸鹽時，以乾淨的布拭去即可。酒石酸鹽無味無害，但礦物質含量太高，不宜飲用太多。

   而陳年的紅酒也常出現沉澱物，一般多爲單寧酸或是單寧結晶，酒越陳年越容易出現的沉澱物。未經過濾的年輕紅酒中，偶而也會發現沉澱物，若將酒慢慢的倒出，或透過換瓶就可以解決這個困擾。
6. 酒痕：酒痕英文稱爲 legs 或 tears。將玻璃杯放桌上旋轉，再將玻璃杯舉起，酒從杯身滑下的痕跡就是酒痕。酒痕的大小與寬度，以及從杯身滑下的快慢可以看出酒精的相對濃度，以及所殘留的糖度。迅速滑動的酒痕代表酒的濃度爲輕度至中度，酒精濃度也相對較低，也較不甜；如果酒痕較濃稠，有酒漬且移動緩慢，表示是殘糖含量、酒體醇化濃度、酒精濃度都較高。（圖 7-6）

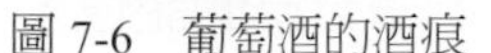

圖 7-6　葡萄酒的酒痕

圖 7-7　品酒時嗅覺非常重要

酒痕、酒精與酒體間的關係，與葡萄收成時的成熟度有關，與酒的品質無關。在涼爽氣候成長的葡萄不會完全熟成，發酵時不會有那麼多糖分，酒精濃度相對的低，德國的 Mosel 區的 Riesling 白酒，酒精濃度低於 8%，是幾乎未熟成的葡萄釀成，酒色較淺，酒精濃度較低，酒痕移動快速。

澳洲 Barossa Valley 的 Shiraz 紅酒，葡萄成長階段氣溫很高，常常高過攝氏 37 度，葡萄幾乎全部熟成，酒發酵的階段富含葡萄糖，可以釀造出酒精濃度達 14%以上的葡萄酒，葡萄完全成熟、葡萄酒色深、酒精濃度高、酒汁濃厚，酒痕移動緩慢。

（二）嗅覺

嗅覺是品飲中的關鍵，是評估葡萄酒非常重要的一環。（圖 7-7）一般味覺只能品嘗甜，酸，苦，鹹和甘味五個味道，但科學家告訴我們，嗅覺可以辨別超過 10 萬種不同的氣味，所以品飲酒類時嗅覺的重要性占 85%，味覺只占 15%，所以當感冒鼻塞的時候，因爲聞不到香氣，再好的酒喝起來一樣平淡無味。以下介紹幾種嗅覺的技巧，可以嘗試後，挑選自己習慣的方式，並不斷練習，訓練辨別杯中的香氣是年輕的還是醇化成年的葡萄酒，一般而言，「芳香」是指年輕或未發展的香氣；「醇香」則是成熟或發展後的氣味。

1. 嗅覺的技巧有下列幾種：

（1）被動吸入法：只用鼻子深入玻璃杯中嗅聞味道。

（2）主動吸入法：同時用鼻子和嘴巴聞酒。玻璃杯傾斜約 40 度角，頭向前傾，鼻子深入嗅聞，並微微張嘴，以半開合的方式吸氣，吸氣時讓香氣輕輕游走過鼻子和嘴巴，通常會很明顯的感受出不同。這種方式是利用口腔帶來更多感官上的刺激，容易辨別出香氣細微的差異。

2. 尋找瑕疵：把鼻子放進到玻璃杯後要做的第一件事就是檢查酒的缺陷，查出它的瑕疵。當聞到不舒服的氣味，例如發霉的紙板味、木塞味，過度的酵母菌味道、醋酸味等粗糙的味道（Rustic）時，就要靠品嘗證實葡萄酒是否有問題。成為熟練的品酒師後，就可以不用喝，只要靠鼻子就能判定酒是不是有瑕疵，英文有一句「Don't put in mouth」（DPIM），就是指不用把酒放進嘴裡，這樣一來，就不會因為把問題酒喝下去而感到不適了。

3. 辨別香氣：鼻子當然要多聞聞葡萄酒的美好氣味，不能只用來找瑕疵，在這裡我們終於要浸沁在葡萄酒繽紛多樣的香氣中了。葡萄酒中的香氣大致分十大類：水果香、花香味、香料味、植物性香、動物性香、燻烤味道、橡木香、化學物質、甘甜味和礦物質。不是所有的酒都會包括這些香氣，在識別這些香氣的時候，需要憑藉自己的記憶，回想起熟悉的味道後，再正確的描述出來。

　　葡萄酒中的香氣來源可分為來自果實、發酵和橡木桶桶儲的陳釀香，因此依據香氣的來源與形成又可分為三大類：

（1）葡萄原有的香味：主要屬於果香、植物氣味，也稱為品種香氛。特定的葡萄品種會產生不同水果的香味，聞白葡萄酒你可能會先嗅到蘋果和梨子的香氣；而在聞紅葡萄酒時，可能會先接觸到櫻桃、李子等風味。（圖 7-8）以下是白葡萄酒和紅葡萄酒的水果香氣列表：（表 7-3）

圖 7-8　葡萄酒帶許多水果的香氣

表 7-3　白葡萄酒和紅葡萄酒的水果香氣

白葡萄酒香氣	果樹型水果	蘋果、梨子、杏桃
	柑橘類水果	檸檬、柚子、柳橙、橘子、酸桔
	熱帶水果	菠蘿、芒果、木瓜、百香果、香蕉、芭樂等
紅葡萄酒香氣	紅色水果	紅櫻桃、紅莓、蔓越莓、草莓、紅醋栗、石榴、紅李
	黑色水果	黑櫻桃、黑嘉麗、黑莓、黑李、桑椹
	成熟水果	藍莓
	果乾	葡萄乾、蜜棗乾、梅子乾、無花果乾

另外礦石味或土味也跟葡萄本身有關，主要是種植葡葡的地層裡富含礦物質。在舊世界裡，尤其是歐洲國家的葡萄酒，往往會有一個顯著的泥土或礦物質的含量。在新的世界，或者非歐洲國家的葡萄酒，一般較少具有礦石味，如果有的話，往往也是以水果風味的表現較多。

例如勃艮地或波爾多的級數酒莊，礦石味的質樸是當地酒風味的重要組成。夏布利白酒的礦石味可以用粉筆形容，德國 Riesling 則會用火石板岩描述，潮濕的泥土，濕樹葉，蘑菇，草叢，或是泥巴等，都是對葡葡酒的礦物味的形容。礦石味是一個葡萄酒來源的重要線索，但不是絕對，有時也會有例外。（圖 7-9）

圖 7-9　德國的 Riesling 帶有礦石味

（2）葡萄經發酵後產生的氣味：葡萄經發酵產生的氣味，稱爲酒香或發酵香，主要屬於動物性香、奶油、乾果吐司等、或菇菌類等氣味。酒精味也是葡萄酒發酵後的味道之一，一般酒精味會在鼻腔內感受到熱氣的上升，但葡萄酒酒精度低，通常不會太明顯，而加烈葡萄酒如波特酒等，表現會比較明顯。

（3）陳年的酒香帶有木桶香味：陳年的酒香帶有木桶香味，又稱爲醇香或陳釀香，主要有動物性香氣、烘焙燒烤氣味，主要是來自橡木桶製作時形成的氣味和香料氣味等。而陳年的老酒會表現出皮革，煙草和香料味。

一般優質葡萄酒往往存放在 55 ～ 60 加侖的橡木桶爲主，橡木會釋放出明顯的如煙燻味，烤麵包，烘焙香，甚至是焦糖味；當酒聞起來像新鮮橡木桶時，通常表示太多木頭的風味。葡萄酒裡是否有木桶味的存在，也是辨別葡萄酒的一個線索，多數白葡萄酒，如阿爾薩斯，德國等，很少具有木桶味的；有木桶味的話多爲勃根地白酒或加州的 Chardonnay，而這原則同樣也適用於紅葡萄酒裡。

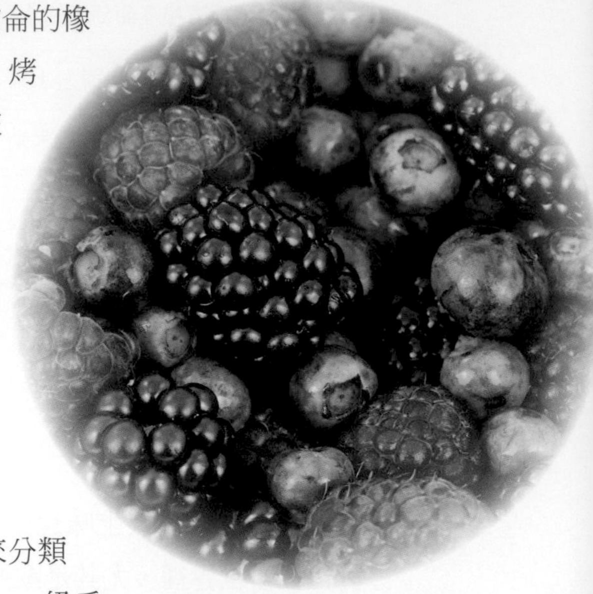

圖 7-10　紅酒早期的香氣以莓果類的水果爲主

（4）一級香氣與二級香氣：除了以香氣的來源來分類外，香氣又可以分爲一級香氣和二級香氣。一級香氣多半指的是葡萄酒初期的香味，一般多爲果香，更進級的香氣則稱爲二級香氣。

二級香氣包含葡萄酒發酵後的香氣，或者是橡木桶陳年的香氣，例如白葡萄酒早期可能有蘋果和柑橘的香味，而伴隨來的則有非水果香味如花香，草味，香料等。紅葡萄酒在早期的香氣裡會有紅色水果如莓果類或櫻桃、醋栗或黑色水果如黑櫻桃，黑李子等新鮮水果味，伴隨而來的可能有如乾燥的水果，糖漬水果等或出現辛香料、菇菌類般的香氣。一旦你已經可以分辨水果和非水果的香味時，就可以繼續進一步了。（圖 7-10）

（三）味覺

味覺是以實際品嘗葡萄酒，來確認嗅覺所聞到的氣味和評估葡萄酒的結構，以下是你以味覺品嘗葡萄酒時，需要確認的口感。

1. 酸（乾）度：英文中所謂的 Dry，是指不甜的意思，中文並沒有對應的字詞，有人翻譯成「干」或是直譯爲「乾」，都不是很精準，因此在這裡都以甜或不甜來形容。酒的甜與不甜，依程度可分爲完全不甜（Bone Dry）或不甜（Simply Dry），幾乎不甜（Off Dry）及淡淡甜味的微甜型的（Touch of Sweetness）。完全成熟的甜酒（full-blown dessert wine），會希望有足夠的酸度來平衡，以避免它類似於一種甘甜劑。

在葡萄酒的品種、樣式或產地等的判斷上，不甜與甜味的程度是一個非常重要的線索，另外不要被嗅覺的果實甜美所混淆，聞起來甜，喝起來不一定甜，這時就應特別注意甜味留在口腔內的餘韻及其時間長短。

圖 7-11　教皇新堡紅酒屬於酒體厚重的葡萄酒

2. 酒體（Body）：酒體是葡萄酒在口中呈現出的或厚重或輕薄的感覺，一般酒體的厚度我們多用清爽、柔順或醇厚來形容。如果遇到了無法確認「酒體」的狀況，想像一下一杯清水或蘋果汁或橘子汁，3 種液體的不同口感所呈現出的狀況。葡萄酒可以是輕盈的（Light）、中等濃郁（Medium）、醇厚的（Full-bodied）。酒體輕盈與飽滿醇厚的主要差別，在於酒精在酒體的水平含量及其他物質如殘糖、酒石酸、甘油（glycerin）、微量元素等的含量。（圖 7-11）
3. 確認香味：當你終於嚐到酒時，就應該確認你剛才前面已經看到的酒痕的質量和狀況，以及香氣在竄入你的鼻腔時，再次確認剛才所聞到香氣是否正確或有更多的訊息。（表 7-4）

表 7-4　香味分類表

花香味	白花香（茉莉、百合）、紅花香（玫瑰、紫羅蘭）
果香味	熱帶水果（芭樂、鳳梨）、莓果（草莓、黑莓、覆盆莓、桑椹）、柑橘（檸檬、柳橙）、櫻桃、杏桃、青蘋果、李子、梨子、桃子等
香料味	乾果、肉桂、胡椒、薑、茴香、豆蔻、桂圓
植物性香	薄荷、蘆筍、青草味、甜椒味、菇菌類、藥草味
動物性香	牛油、起司、奶油，動物皮毛、霉味、濕臭味
燻烤味	焦糖、烤麵包、咖啡豆、可可、餅乾、煙燻
堅果味	杏仁、栗子、核桃、榛果、松樹、橡木
化學味	硫磺、鐵鏽味、氧化味、焦油、刺激味
甘甜味	泡泡糖、牛奶糖、果醬、蜂蜜、香草、巧克力
礦物味	打火石、鹽味、礦石、土壤味、岩石味

（1）果香味：在品嘗葡萄酒時，我們要先確認是否有嗅覺裡聞到的主要的果香味，如新鮮果香味，其次再來是否有次要及其他水果香味。再次品嘗葡萄酒並尋找與確認你在嗅覺部分找到的礦石味，木頭香氣等次要其他香味。從口感裡去確認嗅覺的香氣，是否都是一樣的香味呢？是否有不同的香氣與口味？將一口酒留在口中並使其液體充滿口腔內（約3秒鐘），再吐出來。因口腔與鼻腔在後端是相通的，因此讓香氣由口腔至鼻腔互相確認，是非常重要的。

（2）礦石味、土味：葡萄酒裡是否有礦石味或土味？聞起來會有潮濕的泥土味，喝起來會有礦物味，石板味或微鹹的味道？如果是的話，你會或可以眞正感受到它在你的口腔內，特別是在上額部分，就在你的上額門牙後面部分。礦物質和複雜的土味，同時提供了葡萄酒的品質和更多的線索讓我們在探索葡萄酒的身份來源。葡萄酒的愛好者就喜歡這種原始的風味探索。也是因爲它使我們一再的一再的追尋而樂此不疲。

（3）木桶味：最後要確認的是木桶味。橡木桶帶給葡萄酒的香氛有：香料味，焦糖味，煙燻味和橡木桶味。（圖 7-12）橡木桶中的單寧是具有厚實粗糙的口感，如砂紙般的感覺在你的舌面上。當我們從舌面上的中段去感受到桶味時，這段位置也正是苦澀和其他口感的位置。當過度使用橡木桶，會使葡萄酒的味道過於苦或單寧太重，這也是偶爾會碰到的情況。

圖 7-12　橡木桶會帶給葡萄酒許多香氣

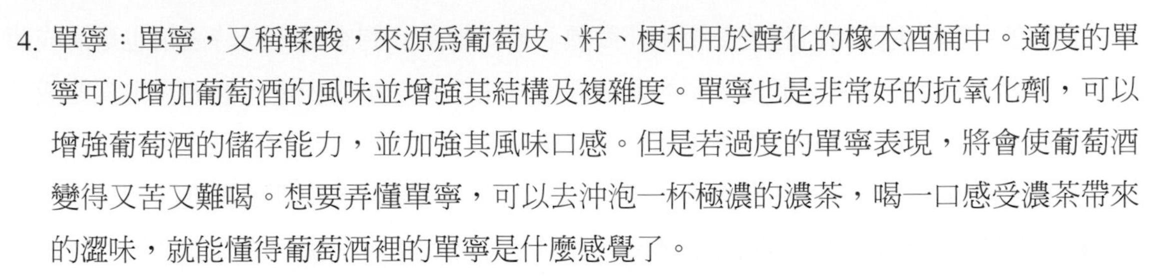

4. 單寧：單寧，又稱鞣酸，來源為葡萄皮、籽、梗和用於醇化的橡木酒桶中。適度的單寧可以增加葡萄酒的風味並增強其結構及複雜度。單寧也是非常好的抗氧化劑，可以增強葡萄酒的儲存能力，並加強其風味口感。但是若過度的單寧表現，將會使葡萄酒變得又苦又難喝。想要弄懂單寧，可以去沖泡一杯極濃的濃茶，喝一口感受濃茶帶來的澀味，就能懂得葡萄酒裡的單寧是什麼感覺了。

   一般來說紅葡萄酒總是比白酒有著更多的單寧。但某些白葡萄酒，如新世界的Chardonnay，也可能含有大量的單寧，這類白葡萄酒已經使用橡木酒桶來發酵並放在100%的新橡木桶中醇化，單寧的含量就可媲美單寧厚實的紅葡萄酒了。單寧濃厚的白酒，最能與其強度匹配的就是一塊炭烤的魚排。

5. 酸度：在葡萄酒裡有4種常見的酸，分別為酒石酸、蘋果酸、乳酸、檸檬酸。酸度是葡萄酒中的另一個重要關鍵，是組成葡萄酒和構成口感的很重要的部分。酸度會讓葡萄酒的香氣聞起來更加的清晰，讓舌頭的兩側感覺有刺痛的感覺，口腔開始分泌唾液。酸的一個特殊的作用就是平衡葡萄酒中的甜味和苦味，如果沒有酸度的平衡，葡萄酒將會是鬆弛和老化的。然而，過多的酸度將使得葡萄酒無法飲用，一個良好的平衡是關鍵。（圖7-13）

圖7-13　酸度帶給白葡萄酒清新爽口的感覺

   酸在於葡萄酒，就如同身體的骨架，沒有酸度的葡萄酒就沒有架構。尤其是白葡萄酒，酸度賦予葡萄酒清新爽口的感覺，我們把它形容成為「爽脆」。同時也會增加我們分泌唾液從而有解渴的感覺。

   衡量葡萄酒中酸的含量稱為「總酸度」，一般用pH值來標示。葡萄酒的酸度值介於2.9～3.9之間，pH值越低則酸度越高。葡萄酒的品嘗當中，可以將「酸性」描述成清爽，酸澀，並評估葡萄酒的酸度是否可平衡葡萄酒中的甜度和苦味。

6. 酒精度：酒精主要給口腔後部帶來「微熱」或「刺激」的感覺，同時酒精也是構成葡萄酒酒體的重要元素。低度酒精的葡萄酒會有缺乏高熱量的表現，酒體需由其他成分來強化，酒精可以用酒痕的質量和嗅覺確認。
7. 結尾、後韻：在品嘗過酒質後，口感後韻是屬於一個短期，中期或長期的結束？想想看你剛結束的那杯酒，還記得那杯酒的回味是戛然而止，彷彿有人突然關燈；或是你還很享受這葡萄酒帶給你的回味是一個悠長的餘味。如果後韻長於 20 秒，這是一個悠長的餘味，表示你喝了一杯好的葡萄酒。（圖 7-14）品酒的一般規則是後韻時間越長，表示它是一支好酒；不管是誰做的，它的來源，或它的成本多少，這點非常重要。
8. 平衡感：對於葡萄酒愛好者來說平衡感的描述或探索會花掉許多的時間。總之，平衡感可以被看作是葡萄酒的所有各種元素的和諧如：酒精、酸度、單寧。在品嘗酒時，問自己是否有這些元素之間的和諧？還是某些元素特別的突出或突兀？
9. 複雜度：複雜度是葡萄酒愛好者不容易搞懂的術語，且較少被提及，但基本上複雜度可以被定義爲：葡萄酒的香氣和味道結合後的變化而出現在口腔的感覺。例如透過你的味覺觀察，一隻簡單的酒將只顯示出一個或數個香氣或味道的變化，而且你在品嘗它的時候變化非常小，不期待會有令人驚豔的變化。而一瓶複雜的葡萄酒，一方面提供許多不同的香味和味道，且將發生令人期待的變化和驚喜。再喝一口它還會繼續隨時間而改變，並在杯中透露出更多也開展更多細膩的變化。

圖 7-14　好的紅酒餘味悠長

（四）研判和結論

走過前面的步驟，最後要進入到結論階段，並開始思索酒款可能源自於哪個國家、產地與其品種，要訣是先從大方向切入，切莫一步就想要總結，可以按照以下的思考方向研判後再下結論。（圖 7-15）

圖 7-15　品嘗紅酒需要思考研判再下結論

1. 涼爽產區 vs. 溫暖產區：葡萄酒的顏色是否較為輕盈？酒精濃度偏低且酸度頗高？如果答案為「是」的話，這款酒很可能是來自於果實較不易完熟的涼爽產區；相反的，若酒色深、酒質濃郁紮實且酒精感明顯，這款葡萄酒就很可能是產自於溫暖產區。
2. 舊世界 vs. 新世界：試問自己葡萄酒主要調性是「果香導向」還是「非果香導向」？如果是以大地、土壤或是礦石感為主軸的「非果香導向」，此類型葡萄酒有很高的機率是來自於舊世界國家；而舊世界國家產區多半為涼爽產區，酸味也會較為明顯；若葡萄酒中充滿著水果風格，這類型酒款絕大多數會是來自於新世界國家。
3. 葡萄品種：釀製的方式分為單一或混釀，利用上述步驟收集而來的資訊，視覺所見的顏色，嗅覺所聞的香氣和舌頭感受到的味覺，再加上個人葡萄酒經驗與閱歷，推測酒是由單一葡萄品種釀製，或者是混調了多種葡萄品種。善加利用香氣或味覺中所呈現的水果、非水果、土壤、大地、橡木桶的使用與其特色，協助判斷可能的葡萄品種。必須具備充足且廣泛的品飲經驗，才能有效建立起個人葡萄酒資料庫。
4. 年分：年分可以利用從顏色、香氣、味覺中的資訊研判。例如葡萄酒呈現鮮活、新鮮水果調性；還是充滿了皮革、雪茄、土壤感等來自於瓶內陳年的深沉香氣，然後依照 1-3 年的葡萄酒算是年輕，中等則是 3 ～ 5 年，5 年以上的酒則算陳年的原則，歸類你手上的這款葡萄酒。
5. 葡萄酒等級：這會是一個非常主觀的論斷，卻可以迅速的決定，這瓶葡萄酒是很普通？還是非常卓越？是一瓶你會在晚餐桌上欣然獨享，還是與朋友分享？或是拿來做菜的葡萄酒？答案就在你自己的累積的葡萄酒感知中。

第二節　葡萄酒與食物的搭配

葡萄酒與食物的關係非常微妙，以酒佐餐除了增添用餐的氣氛和情趣外，餐點和酒相輔相成，更可以發揮出一加一大於二的效果。（圖7-16）許多人都是透過食物認識佐餐的葡萄酒，且對葡萄酒的理解只限於白酒配海鮮或白肉，紅酒就配紅肉，但其實葡萄酒和食物的搭配有多種可能，但要搭得好並不容易，必須要對食物餐點的味道及葡萄酒的結構有深入的了解，才不會弄巧成拙，這個章節介紹葡萄酒與食物搭配的基本原則與概念，而有志成爲侍酒師者，可以此爲基礎累積，開發探索葡萄酒與食物搭配的更多可能。

圖 7-16　酒和食物的搭配是一門深奧的學問

一、三種可能

1. 餐酒只是配角：認爲餐酒是用來佐餐，愈簡單愈好，才不至於搶了主角食物的鋒頭。
2. 餐酒與食物應該不相上下：餐酒的味道不能強過食物，反之亦然，食物的味道也不能強過餐酒，兩者間應維持一定的平衡，卻又可以相輔相成，相互增加美味，也就是發揮一加一大於二的效果。例如：某種乳酪和某種紅酒搭配在一起，會有微妙的化學變化，兩者可說是「最佳拍擋」，讓酒和乳酪都變得更好吃。
3. 餐酒是主角，食物是配角：抱著這種觀念的消費者認爲要試出一瓶好的酒，食物愈單純愈好，喝得開心才是重點。

基於以上三種可能性，侍酒師就應該根據消費者不同的需求和立場，給予適當的建議，若今天客人重點在於用餐，酒只是點綴，就應該選擇搭配可以突顯食物美味，不會搶走食物丰采的餐酒。相反的，若客人的重點在品酒，就應該考量所搭配的食物，是否能突顯出酒的美味。

二、食物與酒搭配的五大原則

葡萄酒與食物的搭配並無特定的規則，通常是清爽的酒搭配口味淡的食物，濃郁的酒搭配口味較重的食物，也就是一般俗稱的白酒配白肉，紅酒配紅肉。白酒含有豐富的檸檬酸能夠去腥，適合搭配海鮮為主的食物（圖 7-17）；紅酒含有豐富的單寧，能分解油質去除油膩的口感，適合搭配肉類為主的食物。

而中菜裡有許多辛辣的菜色，川菜更是以麻辣為特色，這時則可以選擇偏甜的餐酒中和味道。菜餚的質感也是評估的項目之一，例如質感比較軟嫩的燒賣，可飲用比較淡、略帶些水果香或較不具個性的白酒。慢火燜燉出來的菜餚，味道比較濃郁，應該用一些酒體比較複雜的紅酒來襯托；油膩的菜餚可以建議些較酸的酒或是單寧較強的酒中和菜餚味道。

飲酒時溫度也會影響酒的味道，較冷的氣候或地區中，餐酒會比較酸和堅硬；在較熱的氣候或地區中餐酒則比較甜，層次較不明顯。但無論如何，以下的 5 大原則是葡萄酒飲用及與食物餐點搭配的原則。

1. 先喝清爽的酒，再喝濃郁的酒。
2. 先喝淺齡酒，再喝老齡酒。
3. 先喝不甜的酒，再喝甜的酒。
4. 先喝白酒，再喝紅酒。
5. 注意酒與調味醬的和諧。

圖 7-17　白酒的檸檬酸可以去腥，適合搭配海鮮

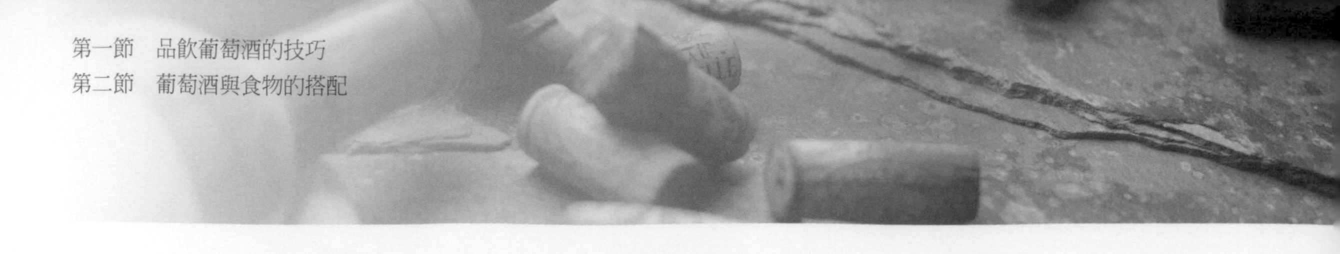

三、葡萄酒與食物搭配要點

食物和葡萄酒都是令人愉悅的事物，互相搭配，尋找味覺的可能性，應該是其樂無窮的過程。在資訊爆炸的時代，網路、媒體上充斥各種葡萄酒配餐的討論，讓人可能迷失在各式各樣的訊息中。其實葡萄酒與食物的搭配的原理，都是在熟悉葡萄酒結構的基礎上，再加上飲酒與用餐的嘗試後，所累積出來的結果，因此最重要的是基礎要打穩，充分掌握葡萄酒結構四大要素：糖分、酸度、單寧和酒精，就能在穩健的基礎上發揮。（圖 7-18）下面是基於葡萄酒的結構整理出來的幾搭配要點：

圖 7-18　葡萄酒的結構和菜餚要取得平衡

（一）品質和複雜性

葡萄酒配餐中只能有一個「明星」要麼是食物，要麼是葡萄酒，這與我們前面所提到的三種可能相呼應；但這不是說葡萄酒和食物的品質可以天差地遠，好食物就能配低品質的酒，而是指酒和餐點的複雜程度可以完全不同。

一款特別複雜、成熟的葡萄酒最好搭配簡單的菜肴，才不會導致葡萄酒和菜肴相互「競技」，搶著出頭；一款簡單、年輕的的葡萄酒可以搭配風味複雜的菜式。複雜的酒，簡單的食物；簡單的酒，複雜的食物，但兩者的品質應該相當。

（二）結構（Body）

葡萄酒的結構，英文稱爲 Body，也有人會以「酒體」來形容，如果這樣講還是太抽象，那麼可以試著想像喝水和喝牛奶的不同。水相對而言是清爽、淡薄，但牛奶在味覺上會有濃郁的口感，Body 形容的就是這種感覺，一樣是紅酒，入口後仍會有爽口或是醇厚的差別，爽口型的大半都是酒體輕盈；醇厚則爲酒體強壯厚實。

在餐桌上葡萄酒的酒體結構要與食物取得平衡，一般極少出現結構厚實（胖）和清淡（瘦）相互匹配的情況，清淡的食物最好搭配酒體輕的葡萄酒；肥厚的食物最好搭配酒體重的葡萄酒。

（三）濃郁度（Intensity）

菜餚講究色香味俱全，而葡萄酒的香氣也會影響餐與酒的搭配，香氣濃郁的葡萄酒，一般會讓人感受到葡萄酒的重，例如濃郁的 Shiraz 紅酒適合搭配燉煮類，比較厚重的食物，像匈牙利燉牛肉等（圖 7-19）；而木桶熟陳過的 Chardonnay，帶有奶油味，就適合配奶油調味的料理，例如奶油蛋黃培根義大利麵，或是佐奶油醬汁的魚排。

圖 7-19 Shiraz 適合搭配燉煮類的食物

（四）酸度（Acidity）

酸度是配餐中最關鍵要素之一，有時甚至比酒體結構更重要。不管在食物還是葡萄酒中，酸度用於平衡甜度和脂肪，也就是油膩的感覺。甜味和油脂會使味蕾疲倦，酸味可以清新味蕾，也就是有解膩的作用。比如搭配奶油為基底的菜式、油炸食品、肥美的魚肉和貝類佐奶油白醬的食物，甚至是高鹽分的食物時，帶著清新酸味的白酒都可以清口，讓下一口的食物更美味。

酸味和高酸食物也能相得益彰，例如：以番茄為主的菜餚，以檸檬汁調味的食物，搭配酸度高葡萄酒，可以讓用餐者感覺食物沒有原來那麼酸，也就是以酸度來平衡。

（五）鹹味（Saltiness）

考量鹹味主要是站在食物的角度出發，因為葡萄酒很少出現鹹味，但在食物中卻很平常。搭配比較鹹的食物時，需要盡量降低鹹味，因此葡萄酒中的甜味或酸味最適合搭配較鹹的菜肴，無論是甜度，或是酸度高，甚至兩者都很高的葡萄酒，都很適合搭配較鹹的食物。

（六）甜度（Sweetness）

如何選擇搭配甜味食物經常成為難題，因為葡萄酒的甜度必須要和食物的甜度匹配。不過，葡萄酒中的甜味可以搭配很多東西，例如甜度可以降低辛辣的味道和鹹味，像德國微甜的白酒，如 Spätlese 和 Auslese 等級的白酒，適合台菜、熱炒。（圖 7-20）而 TBA 級的甜白酒也可以與水果類的甜點一起享用。

圖 7-20 德國 Spätlese 等級的白酒帶點微甜，適合台菜、熱炒

（七）單寧和苦味（Tannin and Bitterness）

單寧是一種給上顎和牙齦帶來乾澀感覺的物質，可以選用多汁的食物來降低這種感覺，理想的做法是將高單寧葡萄酒與富含脂肪、蛋白質的食物搭配，因爲蛋白質可以結合單寧並降低單寧帶來的乾澀感覺。而單寧帶有礦物質的苦味，也很適合燒烤的食物，利用食物中的鹽分降低葡萄酒中的苦味。

（八）酒精度（Alcohol）

葡萄酒都含有酒精，辛辣的食物突顯酒精帶來的感覺，所以只有低酒精濃度、酸度高、甜味的葡萄酒適合搭配辛辣的食物，可以降低辛、辣食物帶來的刺激性。

（九）絕佳搭配（Best Food & Wine Matching）

19 世紀的工業革命以前，大多數人一生都生活在距離出生地方圓 5 英里（約 8 公里）之內。如果他們正好生活在出產葡萄酒的溫帶，就可以飲用當地出產的葡萄酒，再加上吃的也是同一個地區種植的作物，飼養的家禽，葡萄酒、食物和靈魂通通都來自同一個地方，在進化和發展中相互影響。

這種關係也就是我們有時所說的「經典式」或「地區式」葡萄酒配餐，將臨近地區的葡萄酒和食物聯繫在一起，而只要仔細觀察，就會發現這些搭配通常反映了以上所述的基本搭配原則，也是相當安全，不易出錯的搭配方式。例如勃根地的酒，搭勃根地的料理（圖 7-21）；北義大利料理，配北義大利產的葡萄酒，相得益彰。

圖 7-21

勃根地名菜紅酒燉牛肉，適合搭配當地的紅酒

附錄

附錄一　新舊世界葡萄酒等級比較

歐洲葡萄酒相近等級比較

歐盟	法國	義大利
—	日常餐酒 Vin de France, VDF	日常餐酒 Vino da Tavola, VDT
傳統特產保護標誌 Traditional Specialty Guaranteed, TSG	產區餐酒 Indication Géoraphique Protégée, IGP	典型地理標誌 Indicazione Geografica Tipica, IGT
原產地名稱保護標誌 Protected Designation of Origin, PDO	法定產區葡萄酒 Appellation d'Origine Protégée, AOP	法定產區 Denominazione di Origine Controllata, DOC
地理標示保護標誌 Protected geographical indication, PGI	小產區與村莊優良地區餐酒 Appellation d'Origine Contrôlée, AOC	保證法定產區 Denominazione di Origine Controllata è Garantita, DOCG

新世界各國葡萄酒法與品質分類

新世界依規範，須在酒瓶上標示原料比例，與法國、歐盟的分級完全不一樣。

國家 分級	美國	加拿大	澳洲
法源與管理單位	財政部酒菸稅務暨貿易局 The Tobacco and Trade Bureau, TTB	酒商質量聯盟 Vintners Quality Alliance, VQA	澳大利亞葡萄酒烈酒協會（半官方組織）AWBC
品種標示	一般爲 75% 以上， 奧勒岡爲 90% 以上	85% 以上	85% 以上
產地標示	州或郡 75% 以上， AVA.85% 以上， 加州 100% 以上， 奧勒岡 95% 以上	州 100% 以上， 渥太華爲 85%， BV. 與哥倫比亞爲 95% 以上， 葡萄園 100%	85% 以上
收穫年標示	AVA95% 以上， AVA 以外 85% 奧勒岡爲 95%	渥太華 85% 以上， B.K.95% 以上	85% 以上
其他規定	酒精度 7°以上、14°以下 14°以上需標示， Estate 標示酒莊所在地， 並使用規定的品種	—	調和酒按比例多的標示葡萄品種
栽培地認定機構	Ameracan Viticultural Aress, AVA	Designated Viticultural Aress, DVA	Geographical Indications, GI

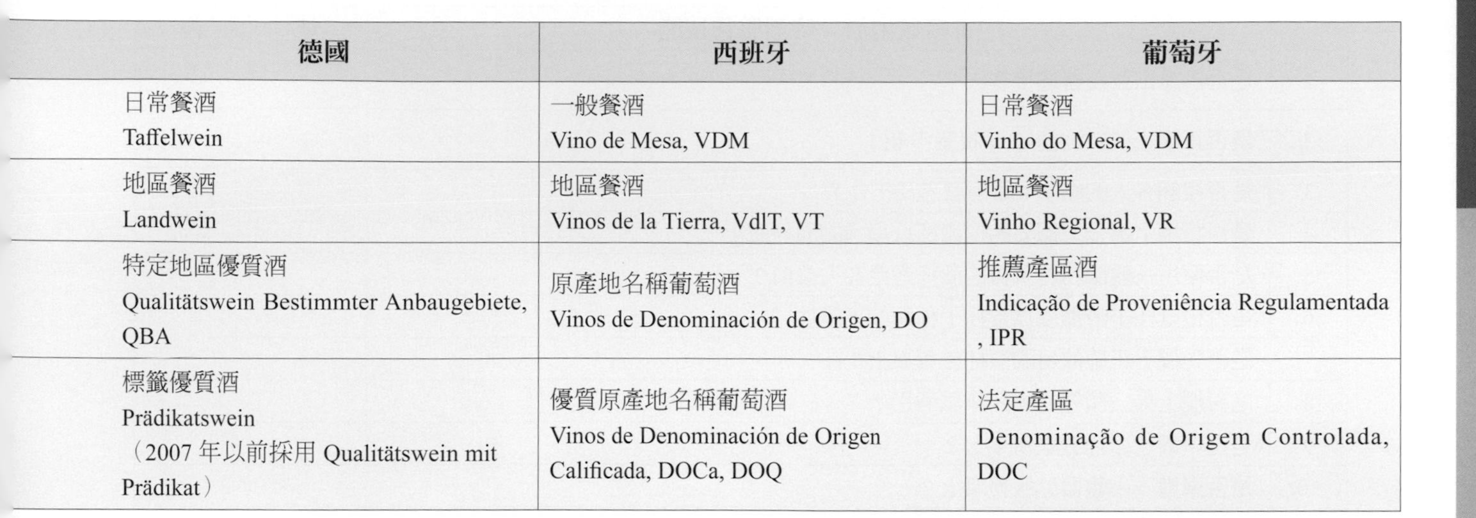

德國	西班牙	葡萄牙
日常餐酒 Taffelwein	一般餐酒 Vino de Mesa, VDM	日常餐酒 Vinho do Mesa, VDM
地區餐酒 Landwein	地區餐酒 Vinos de la Tierra, VdlT, VT	地區餐酒 Vinho Regional, VR
特定地區優質酒 Qualitätswein Bestimmter Anbaugebiete, QBA	原產地名稱葡萄酒 Vinos de Denominación de Origen, DO	推薦產區酒 Indicação de Proveniência Regulamentada , IPR
標籤優質酒 Prädikatswein （2007 年以前採用 Qualitätswein mit Prädikat）	優質原產地名稱葡萄酒 Vinos de Denominación de Origen Calificada, DOCa, DOQ	法定產區 Denominação de Origem Controlada, DOC

紐西蘭	智利	阿根廷	南非	日本
紐西蘭食品安全局 New Zealand Food Safety Authority, NZFSA	農業部農牧局 Servicio Agrícolay Ganadero, SAG	國家葡萄釀造研究所 National Institute of Viticulture, INV	–	日本葡萄酒協會
85% 以上	75% 以上	–	85% 以上	75% 以上
85% 以上	75% 以上	–	WO 產地爲 100%	日本產的葡萄需 75% 以上
85% 以上	75% 以上	–	85% 以上	75% 以上
使用不同品種、不同年份，按照比例條列出	酒標上可標示 3 種品種，輔助品種超過 15% 以上才記載	–	瓶內二次發酵的氣泡酒，需標示 CAP CLASSIQUE	–
Geographical Indications, GI	Denominación de Origen, DO	Denominación de Origen, DO	Wine of Origin, WO	–

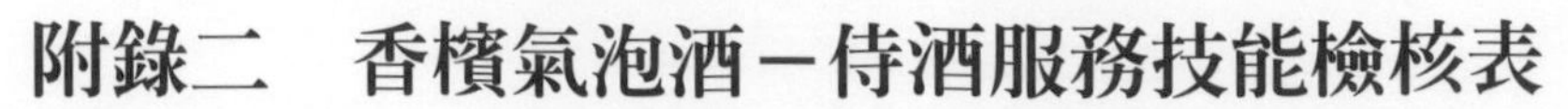

附錄二　香檳氣泡酒－侍酒服務技能檢核表

	香檳氣泡酒－侍酒服務技能	是	否
1	是否辨識出並友善迎接客人？		
2	是否正確完成點酒動作 ?(接受考題)		
3	是否複誦客人的點單 (葡萄酒名及年分)?		
4	是否將桌上部分不需要的空酒杯或用過的酒杯撤走？		
5	是否使用托盤服務將所需的酒杯送至客人桌前？		
6	是否檢查杯子清潔度以及杯子種類的正確性		
7	是否先擺上正確飲用的酒杯於餐桌上？		
8	是否擺上另一額外的酒杯作試酒用？		
9	是否準備一冰桶於服務桌上？		
10	是否準備一小盤器於服務桌上？		
11	是否準備服務巾於服務桌上？		
12	是否攜帶一墊布於服務桌前？		
13	離開桌邊前是否完成一套完整的侍酒擺設？		
14	是否將客人點的酒款小心取出並以服務巾擦拭整置？		
15	是否從主客的右前方展示所點的酒款？		
16	是否用正確的角度呈現葡萄酒？		
17	是否再次向主客重複所點的酒款名 (品種)，年分，酒莊名，產地名和國名？		
18	是否於確認後將酒瓶放回服務桌正面朝客人並整置服務巾開酒？		
19	在開酒時是否保持酒瓶不旋轉或搖晃？		
20	是否應用三刀割除鋁箔並正確除下鋁箔？		
21	取下鋁箔後是否將之放回口袋內？		
22	在取去封酒鋁箔後是否以正確姿勢解開鐵環？		
23	是否提起酒瓶開酒 , 不可將酒瓶置放於桌面開酒？		
24	是否小心地轉動酒瓶並將軟木塞小聲的取出 (可以聽到 " 嘶 " 的聲)		
25	是否檢查軟木塞，並撤身聞軟木塞後置於一小盤子上？		
26	有無用紙巾擦拭酒瓶口內及外？		
27	是否將軟木塞放在小盤上並呈現給客人的右上方 (方便取得之處)?		
28	是否在此時詢問客人將爲其試酒並等待客人的允許？		
29	是否以小心爲原則緩慢地將酒液倒出 ?(可拿起酒杯)		
30	是否有失誤傾倒出酒滴？		
31	是否有穩定的倒出試飲的量，侍酒師一份約 1 ／ 2 盎司 /15cc 左右？		
32	是否有撤身聞香及試飲？(可以只聞而不飲)		
33	是否請客人試酒，並倒出適當的量？		
34	是否口頭給予一些評價並根據氣泡酒的狀況 (溫度及保存狀況) 告知客人？		
35	是否詢問客人狀況後，得到應允後爲其他客人服務？		
36	爲客人倒酒時是否以主客左邊的女性開始，並以女士優先，接著才是男性客人		

	香檳氣泡酒 – 侍酒服務技能	是	否
37	為客人倒酒時，最後不論性別主客一律為最後一位		
38	是否以正確姿勢，並一次性的倒出適當的量？		
39	是否失誤將酒滴到桌上？		
40	在每次移動位置至下一位客人倒酒前是否都有做到以服務巾擦式瓶口的動作？		
41	倒酒時是否將酒量維持在不超過七分滿，而沒有溢出？		
42	是否於服務完時，向客人問候招呼？		
43	是否於服務完全時，將氣泡酒放回服務桌的冰桶內？		
44	是否用托盤將相關不再需要的器具從桌上撤離？		

附錄三　靜態酒－侍酒服務技能檢核表

	靜態酒－侍酒服務技能	是	否
1	應試生是否辨識出並友善迎接客人？		
2	應試生是否正確完成點酒動作？(接受考題)		
3	應試生是否複誦客人的點單 (葡萄酒名及年分)?		
4	應試生是否將桌上部分不需要的空酒杯或用過的酒杯撤走？		
5	應試生是否使用托盤服務將所需的酒杯送至客人桌前？		
	***		
6	應試生是否先擺上正確飲用的酒杯於餐桌？		
7	應試生是否擺上另一不同型的酒杯作試酒用？		
8	應試生是否準備一醒酒器於服務桌上？		
9	應試生是否準備一小盤器於服務桌上？		
10	應試生是否準備服務巾於服務桌上？		
12	應試生是否攜帶一墊布於服務桌前？		
13	應試生是否帶著蠟燭於服務桌前？		
14	應試生離開桌邊前是否完成一套完整的侍酒擺設？		
	***		
15	應試生是否將客人點的酒款小心取出並以服務巾整置？		
16	應試生是否從主客的右前方展示所點的酒款？		
17	應試生是否以一手持瓶的方式展式酒瓶？		
18	應試生是否用正確的角度呈現葡萄酒？		
19	應試生是否再次向主客重複所點的酒款名 (品種)，年分，酒莊名，產地名和國名？		
20	應試生是否於確認後將酒瓶放回服務桌正面朝客人並整置服務巾開酒？		
	****		
21	應試生在開酒時是否保持酒瓶不旋轉或搖晃？		
22	應試生是否應用三刀割除鋁箔並正確除下鋁箔？		
23	應試生取下鋁箔後是否將之放回口袋內？		
24	應試生在取去封酒鋁箔後是否以服務巾 (或紙巾) 擦拭瓶口內緣及外緣？		
25	應試生是否動作正確地嵌入開瓶器？		
26	應試生是否正確並安靜俐落的取出軟木塞？		
27	應試生是否完好無缺地將軟木塞拔出？(無穿刺)		
28	應試生有無確認軟木塞是否完好並仍然保持正常狀態？		
29	應試生是否將軟木塞檢視並撤身聞過之後置於一小盤子上？		
30	應試生是否將瓶口邊緣由內向外擦拭乾淨？		
31	應試生是否將軟木塞放在小盤上並呈現給客人的右上方 (方便取得之處)?		
32	應試生是否在此時詢問客人將爲其試酒並等待客人的允許？		
	****		

	靜態酒－侍酒服務技能	是	否
33	應試生是否以小心不搖晃到沉澱物爲原則緩慢地將酒液倒出？		
34	應試生是否有失誤傾倒出酒滴？		
35	應試生是否有穩定的倒出試飲的量，侍酒師一份約 1 / 2 盎司 /15cc 左右？		
36	應試生是否有撤身聞香及試飲？(可以只聞而不飲)		
37	應試生是否正確的點燃蠟燭 ?(不可朝客人處冒煙)		
38	應試生是否口頭給予一些評價並根據葡萄酒的狀況告知將給予醒酒？		
39	應試生在醒酒時是否以正確的姿勢握住醒酒器？		
40	應試生在開始醒酒的動作前是否將醒酒器和蠟燭置於正確的位置？		
41	應試生是否將點燃的蠟燭放置於瓶頸處使之可清楚地檢視酒渣狀況？		
42	應試生開始醒酒時是否以正確地掌握醒酒器和酒瓶之間位置和角度？		
43	應試生是否以盡量不搖晃到沉澱物的情況下仔細緩慢地將酒液倒至醒酒器進行醒酒？		
44	應試生在醒酒時是否有將葡萄酒滴出？		
45	當酒液內的沉澱物流至瓶頸處時應試生是否就屆時停止醒酒的動作？		
46	應試生是否於醒酒後將酒瓶放回服務桌正面朝客人並墊置服務巾？		
	****		
47	應試生爲客人倒酒時是否以主客左邊的女性開始，並以女士優先，接著才是男性客人		
48	應試生爲客人倒酒時，最後不論性別主客一律爲最後一位		
49	應試生是否失誤將酒滴到桌上？		
50	應試生在每次移動位置至下一位客人倒酒前是否都有做到以服務巾擦式瓶口的動作？		
51	應試生倒酒時是否將酒量維持在不超過 4~5 盎司滿，而沒有超出半杯滿的量？		
52	應試生是否於服務完時，向客人問候招呼？		
53	應試生是否於服務完全時，將醒酒器放置於一旁服務桌的布墊上？		
54	應試生是否轉身熄滅蠟燭？		
55	應試生是否將蠟燭和相關不再需要的器具從桌上撤離？		
	PHYSICAL TOTAL 技術得分		
	STYLE TOTAL 整體儀態得分		
	總得分		

附錄四　演繹式品飲法檢核表

視覺

清澈度		□清澈	□中度清澈	□稍微混濁	□混濁		
光亮度		□黯淡	□朦朧	□明亮	□較明亮	□極明亮	□閃亮
色澤	紅酒	□紫色	□寶石紅	□石榴紅	□黃棕色	□棕色	
	白酒	□透明	□綠色	□麥桿色	□黃色	□金黃色	□棕色
濃度		□低	□中下	□中等	□中上	□高	
邊緣變異		邊緣的色澤					
觀察有無氣泡							
沈積物 / 顆粒							
黏稠度		□低度	□中度	□高度			

嗅覺

瑕疵	□ TCA	□硫化氫	□揮發性醋酸	□酒香酵母	□氧化	
強度	□微弱	□中下	□中等	□中上	□濃烈	
酒齡評估	□年輕	□具年分				
果香味	主要			次要		
非水果香氣	花香	香料	香草 / 植物	貴腐菌	其他	
大地味	□礦石 □泥土味	□白堊土 □霉味	□岩石	□塵土	蕈菇	
木桶	□舊桶	□新桶	□法國桶	□美國桶	□大桶	□小桶

味覺

甜度	□乾透	□乾	□微甜	□甜	□極甜
酒體	□輕	□中下	□中等	□中上	□厚實
果香味	與嗅覺進行確認				
非水果香氣	與嗅覺進行確認				
大地味	與嗅覺進行確認				
木桶	與嗅覺進行確認				
單寧	□低	□中下	□中等	□中上	□高
酒精	□低	□中下	□中等	□中上	□高
酸度	□低	□中下	□中等	□中上	□高
餘韻	□短	□中下	□中等	□中上	□長
複雜度	□地	□中下	□中等	□中上	□高

初步結論

舊 / 新世界	□舊世界	□新世界		
氣候	□涼爽	□溫和	□溫暖	
葡萄品種 / 混合				
酒齡（年）	□ 1~3 年	□ 3~5 年	□ 5~10 年	□ 10 年以上

最終結論

葡萄品種 / 混合		
國家	區域	區域
品質級別		
年分		

格式製作：Eddy Hung　翻譯：Hao Tseng

國家圖書館出版品預行編目資料

葡萄酒侍酒師 / 洪昌維 編著. ——三版.
—— 新北市：全華圖書, 2023.05
面； 公分
ISBN 978-626-328-430-2 （平裝）

1.CST: 餐飲業 2.CST: 飲食 3.CST: 葡萄酒

483.8 112004182

葡萄酒侍酒師

作　　者 / 洪昌維
發 行 人 / 陳本源
文字編輯 / 楊正敏
執行編輯 / 余孟玟
封面設計 / 戴巧耘
出 版 者 / 全華圖書股份有限公司
郵政帳號 / 0100836-1號
印 刷 者 / 宏懋打字印刷股份有限公司
圖書編號 / 0827402
三版一刷 / 2023年5月
定　　價 / 550元
I S B N / 978-626-328-430-2（平裝）
全華圖書 / www.chwa.com.tw
全華網路書店 Open Tech / www.opentech.com.tw
若您對本書有任何問題，歡迎來信指導 book@chwa.com.tw

臺北總公司（北區營業處）
地址：23671 臺北縣土城市忠義路21號
電話：（02）2262-5666
傳真：（02）6637-3695、6637-3696

中區營業處
地址：40256 臺中市南區樹義一巷26號
電話：（04）2261-8485
傳真：（04）3600-9806（高中職）
（04）3600-8600（大專）

南區營業處
地址：80769 高雄市三民區應安街12號
電話：（07）381-1377
傳真：（07）862-5562

讀者回函卡

掃 QRcode 線上填寫 ▶▶▶

姓名：＿＿＿＿＿＿ 生日：西元＿＿＿年＿＿＿月＿＿＿日 性別：□男 □女

電話：（ ）＿＿＿＿＿ 手機：＿＿＿＿＿＿

e-mail：（必填）＿＿＿＿＿＿

註：數字零，請用 Φ 表示，數字 1 與英文 L 請另註明並書寫端正，謝謝。

通訊處：□□□□□＿＿＿＿＿＿

學歷：□高中・職 □專科 □大學 □碩士 □博士

職業：□工程師 □教師 □學生 □軍・公 □其他

學校／公司：＿＿＿＿＿＿ 科系／部門：＿＿＿＿＿＿

・需求書類：

□ A. 電子 □ B. 電機 □ C. 資訊 □ D. 機械 □ E. 汽車 □ F. 工管 □ G. 土木 □ H. 化工 □ I. 設計

□ J. 商管 □ K. 日文 □ L. 美容 □ M. 休閒 □ N. 餐飲 □ O. 其他

・本次購買圖書為：＿＿＿＿＿＿ 書號：＿＿＿＿＿＿

・您對本書的評價：

封面設計：□非常滿意 □滿意 □尚可 □需改善，請說明＿＿＿＿＿＿

內容表達：□非常滿意 □滿意 □尚可 □需改善，請說明＿＿＿＿＿＿

版面編排：□非常滿意 □滿意 □尚可 □需改善，請說明＿＿＿＿＿＿

印刷品質：□非常滿意 □滿意 □尚可 □需改善，請說明＿＿＿＿＿＿

書籍定價：□非常滿意 □滿意 □尚可 □需改善，請說明＿＿＿＿＿＿

整體評價：請說明＿＿＿＿＿＿

・您在何處購買本書？

□書局 □網路書店 □書展 □團購 □其他＿＿＿＿＿＿

・您購買本書的原因？（可複選）

□個人需要 □公司採購 □親友推薦 □老師指定用書 □其他＿＿＿＿＿＿

・您希望全華以何種方式提供出版訊息及特惠活動？

□電子報 □ DM □廣告（媒體名稱＿＿＿＿＿＿）

・您是否上過全華網路書店？（www.opentech.com.tw）

□是 □否 您的建議＿＿＿＿＿＿

・您希望全華出版哪方面書籍？＿＿＿＿＿＿

・您希望全華加強哪些服務？＿＿＿＿＿＿

感謝您提供寶貴意見，全華將秉持服務的熱忱，出版更多好書，以饗讀者。

填寫日期： / /

2020.09 修訂

親愛的讀者：

感謝您對全華圖書的支持與愛護，雖然我們很慎重的處理每一本書，但恐仍有疏漏之處，若您發現本書有任何錯誤，請填寫於勘誤表內寄回，我們將於再版時修正，您的批評與指教是我們進步的原動力，謝謝！

全華圖書 敬上

勘誤表

書號		書名		作者	
頁數	行數	錯誤或不當之詞句		建議修改之詞句	

我有話要說：（其它之批評與建議，如封面、編排、內容、印刷品質等・・・）

得分

班級：＿＿＿＿＿ 學號：＿＿＿＿＿

姓名：＿＿＿＿＿＿＿＿

學後評量—葡萄酒侍酒師

第一章　什麼是侍酒師

（選擇題每題2分，問答題每題10分，共100分）

一、選擇題

（　）1. 早年侍酒師試酒時，會在下列合者中斟入少許的葡萄酒，檢查酒色、氣味及口感，印證酒質的良窳？（A）銅鍋（B）玻璃碗（C）全新軟木塞（D）用銀質做成的試酒盤（Tastevin）

（　）2. 開始承認侍酒師是一項專業的工作，始於？（A）12 世紀（B）13 世紀（C）14 世紀（D）15 世紀

（　）3. 侍酒師的工作分台前台後，這個台指的是：（A）舞台（B）餐廳（C）吧檯（D）階梯

（　）4. 在餐廳單品業績的主要創造者：（A）吧檯（B）餐廳經理（C）侍酒師（D）採購人員

（　）5. 國際侍酒大師公會的侍酒師認證分爲：（A）兩級（B）三級（C）四級（D）五級

（　）6. 最具公信力的侍酒認證組織「國際侍酒大師公會」簡稱爲？（A）ASI（B）TSA（C）AWI（D）CMS

（　）7. 下列何者不是指侍酒師？（A）Bartender（B）Sommelier（C）Wine Steward（D）Sommelière

（　）8. 紅酒裡豐富的何種物質能爲紅肉類去油解膩？（A）乙醇（B）二氧化硫（C）單寧（D）酒石酸

（　）9. 洗手缽使用方式爲？（A）雙手一起洗（B）單手洗（C）用餐巾沾濕洗（D）以上皆可

（　）10. 餐後也會搭配不同的酒，有人喜歡喝葛拉帕（Grappa），這是指？（A）葡式香檳酒（B）法式威士忌（C）法式伏特加（D）義式白蘭地

（　）11. 下列何者爲歐洲各民族餐飲文化的共同點？（A）語言（B）生活習慣（C）刀叉使用（D）葡萄酒

（　）12. 國際侍酒師協會（A.S.I.）成立於哪一年？（A）1958（B）1959（C）1968（D）1969

（　）13. 下列哪一項不屬於侍酒師「台後」的工作內容？（A）酒單設計編排（B）酒窖的管理（C）酒類採購建議（D）爲客人搭配餐酒

（　）14. 酒窖的記錄管理現代多數的餐廳都引進電腦化的數據管理，這套管理稱爲？（A）棋盤式管理（B）雷達型管理（C）放射狀型管理（D）金字塔型管理

（　）15. 若暫時離開座位時，餐巾宜擺放在？（A）桌面上（B）隨身攜帶（C）椅背或椅墊上（D）交給服務生

(　)16. 在臺灣有 CMS 侍酒師先修班課程的設計，在臺灣是由何單位辦理？ (A) Association de la Sommellerie Internationale, ASI (B) Asia Wine Institute, AWI (C) International Bartenders Association, IBA (D) Wine and Spirits Education Trust, WSET

(　)17. 起源爲管理食物的人，後變成負責爲國王服務酒水的侍者，在何時才被承認爲侍酒師的工作？ (A)法國國王菲利浦五世 (B)義大利國王翁貝托二世 (C)英國女王伊莎貝爾 (D)西班牙國王胡安・卡洛斯一世

(　)18. 中式的餐飲文化和西式的餐飲文化最大的差別在於？ (A)語言上的差異 (B)烹調技巧的不同 (C)文化上的差異 (D)餐具使用上的不同

(　)19. 侍酒師的工作範圍在「台前」部分，不包含？ (A)擔任客人與廚房間的溝通橋梁 (B)酒類的侍酒服務 (C)酒單設計編排 (D)爲客人搭配餐酒

(　)20. 雪莉酒指的是哪一個國家的葡萄加烈酒？ (A)西班牙 (B)葡萄牙 (C)義大利 (D)英國

(　)21. 波特酒指的是哪一個國家的葡萄加烈酒？ (A)西班牙 (B)葡萄牙 (C)義大利 (D)法國

(　)22. 侍酒師說明一瓶白酒裡的何種成分，是能幫海鮮類食物提鮮？ (A)高酒精 (B)果酸 (C)木桶味 (D)單寧

(　)23. 侍酒師執勤前，須規畫搭配的餐酒，應先與誰溝通當天的菜單，並了解食物和料理的特色？ (A)餐廳老闆 (B)餐廳經理 (C)客人 (D)餐廳主廚

(　)24. 侍酒師接受客人點單 Sparkling Water，客人點的是？ (A)氣泡酒 (B)無氣泡礦泉水 (C)氣泡礦泉水 (D)檸檬水

(　)25. 侍酒師爲客人搭配餐酒時，除了食材外，也要注意葡萄酒與甚麼餐點搭配才更能襯托出料理的美味？ (A)氣氛 (B)醬汁 (C)單寧 (D)酒石酸

二、問答題

1. 侍酒服務時必須與客人確認哪些酒的資訊，才可爲客人進行上酒的服務？

2. 台後指的多爲與侍酒師相關的餐廳行政管理工作，主要包括哪些的任務？

3. 侍酒師應具備的態度？

4. 侍酒師的價值：

5. 在臺灣CMS侍酒師先修班課程的設計認證共分哪三級？

得 分

學後評量─葡萄酒侍酒師

班級：________學號：________

姓名：________

第二章 侍酒師的服務

（選擇題每題2分，問答題每題10分，共100分）

一、選擇題

(　) 1. 軟木塞是用栓皮櫟（Cork oak，又稱軟木橡樹）的樹皮製作的，世界最大生產國是？ (A)智利 (B)南非 (C)葡萄牙 (D)摩洛哥

(　) 2. 何時葡萄酒才開始使用玻璃瓶容器？ (A)17世紀 (B)18世紀 (C)15世紀 (D)16世紀

(　) 3. 人類歷史上首先使用軟木塞來封口，以防酒液滴出來，是？ (A)英國人 (B)西班牙人 (C)葡萄牙人 (D)荷蘭人

(　) 4. 爲專業侍酒師，甚至是業餘人士愛用的開瓶器爲？ (A)侍酒刀（The Waiter's Friend） (B)T字開瓶器 (C)槓桿式開瓶器 (D)旋轉開瓶器

(　) 5. 請問香檳和氣泡酒一般飲用的溫度是？ (A)6～10℃ (B)9～13℃ (C)12～14℃ (D)13～15℃

(　) 6. 氣泡酒一般採何種酒瓶裝盛？ (A)霍克瓶 (B)波爾多瓶 (C)勃根地瓶 (D)香檳瓶

(　) 7. 使用瘦長的霍克瓶的葡萄酒，是下列何者？ (A)麗絲玲 (B)黑皮諾 (C)卡本內蘇維翁 (D)香檳酒

(　) 8. 現在一般常見的酒瓶容量多爲？ (A)1500毫升（ml） (B)500毫升（ml） (C)750毫升（ml） (D)1000毫升（ml）

(　) 9. 兩瓶裝的葡萄酒瓶稱爲？ (A)HALF (B)STANDER (C)MAGNUM (D)JEROBOAM

(　)10. 葡萄酒杯設計希望易於凝聚香氣，應採下列何種設計？ (A)杯腹大，杯口小 (B)杯腹大，杯口大 (C)杯腹小，杯口小 (D)杯腹小，杯口大

(　)11. 使用葡萄酒杯時，應手拿杯子何處？ (A)杯口 (B)杯身 (C)杯腳 (D)以上皆可

(　)12. 國際標準品酒杯，簡稱ISO杯（International Standards Organization）酒杯容量約？ (A)100毫升（ml） (B)215毫升（ml） (C)375毫升（ml） (D)500毫升（ml）

(　)13. 無鉛水晶杯，會加入其他的化合物，如下列何者？ (A)鎂 (B)鉀 (C)鈦 (D)以上皆是

(　)14. 白酒杯呈現U，但杯子較杯小，可避免香氣太快揮發，易維持低溫的狀態，也適合哪種酒？ (A)啤酒 (B)紅酒 (C)粉紅酒 (D)氣泡酒

(　　)15. 侍酒師在服務時常需要爲葡萄酒換瓶，就是把葡萄酒從原來的瓶子倒至？（A）醒酒器（B）水晶杯（C）瓶子（D）雙耳壺

(　　)16. 慣用的醒酒器，並無？（A）雪莉酒醒酒器（B）老酒醒酒器（C）一般醒酒器（D）白酒醒酒器

(　　)17. 喝粉紅葡萄酒也適合以哪種酒杯飲用？（A）白酒杯（B）勃根地杯（C）紅酒杯（D）波爾多杯

(　　)18. 侍酒師挑選合適酒杯時，應注意？（A）檢查杯身清潔度，注意杯口是否留有口紅印（B）聞一聞是否有異味（C）檢查杯子是否有裂縫（D）以上皆是

(　　)19. 勃根地杯指的是？（A）白酒杯（B）香檳杯（C）紅酒杯（D）白蘭地杯

(　　)20. 社交場合與人碰酒杯，宜碰？（A）杯口（B）杯腳（C）杯底（D）杯身

(　　)21. 葡萄酒裝瓶上市會貼上酒標，酒標上載明的年分是？（A）裝瓶年分（B）收成年分（C）販賣年分（D）酒莊創建年分

(　　)22. 請問兩瓶裝的內容量是？（A）375ml（B）750ml（C）1500ml（D）3000ml

(　　)23. 儲存葡萄酒時不應該？（A）保持通風（B）70%的濕度（C）光線充足（D）恆溫保存

(　　)24. 醒酒服務時，須將瓶子何處放置在與眼睛、燭火中心點成一直線處，以便觀察瓶內是否有殘渣？（A）瓶口（B）瓶頸（C）瓶肩（D）瓶身

(　　)25. 葡萄酒有其適飲溫度，溫度會影響酒的香氣和口感，低溫時下列何者會上升？（A）甜度（B）澀感（C）酸度（D）口感

二、問答題

1. 爲客人送上酒時，首先要先念出酒名，並介紹酒的資訊爲？

2. 醒酒器依功能還可分爲？

3. 侍酒師最常用的開瓶器「侍酒刀」由四個部分組成？

4. 不同形狀的酒瓶能透露出酒的產地等資訊，請舉四種不同的酒瓶名稱？

5. 酒杯組成可分成四個部位？

得 分

學後評量─葡萄酒侍酒師

第三章 葡萄酒的世界

班級：＿＿＿＿ 學號：＿＿＿＿

姓名：＿＿＿＿

（選擇題每題2分，問答題每題10分，共100分）

一、選擇題

(　) 1. 約西元前 2000 年左右葡萄的種植移到了衆神之國－希臘，葡萄酒就成爲希臘文化中非常重要的一環，因而創造了酒神之名「＿＿＿＿」？（A）Dionysus （B）Bacchus （C）Dionys Cesar （D）Bacardi

(　) 2. 葡萄樹的根瘤蚜蟲病是發生在何時？（A）17 世紀中 （B）18 世紀中 （C）19 世紀中 （D）20 世紀中

(　) 3. 被視爲「基督的聖血」，神的飲料是？（A）礦泉水 （B）蘋果汁 （C）葡萄酒 （D）羊血

(　) 4. 葡萄酒文化被帶往美洲和澳洲大陸等地約在西元？（A）15 世紀 （B）16 世紀 （C）17 世紀 （D）18 世紀

(　) 5. 要釀造出有特色、優質的葡萄酒，取決於下列四大條件，並不含？（A）合理的地理環境：緯度、土壤 （B）適當的溫度氣候：陽光、溫差、雨水 （C）優良的葡萄品種 （D）知名度高的品牌

(　) 6. Bacchus 是哪一國的酒神名稱？（A）羅馬 （B）希臘 （C）法國 （D）西班牙

(　) 7. 適合釀造葡萄酒的緯度是？（A）南緯 15～35 度 （B）南北緯 35～55 度 （C）北緯 15～35 度 （D）北緯 35～55 度

(　) 8. 葡萄的生長條件中我們稱爲「Terroir」的中文爲？（A）地理環境 （B）氣候條件 （C）陽光雨水 （D）風土條件

(　) 9. 葡萄是農作物，一般要生產釀造葡萄酒的葡萄樹，樹齡需要在幾年以上，才能長出成熟的根部，以吸取足夠的養分給葡萄？（A）4 年 （B）3 年 （C）5 年 （D）10 年

(　)10. 粉紅酒的釀製時，「Saignée」稱爲？（A）浸皮法 （B）出血法 （C）沉澱法 （D）離心法

(　)11. 每個國家產區，都有不同特色的氣泡酒，造成各種氣泡酒差異的原因，除了葡萄品種不同外，可以釀造出品質最好的方法？（A）傳統法 （B）轉移法 （C）大槽法 （D）二氧化碳注入法

(　)12. 葡萄的酸度來源爲？（A）日照 （B）溫差 （C）土壤 （D）雨水

(　)13. 葡萄枝葉生長產生足夠的能量後，氣溫升到 20℃時，葡萄樹進入開花期，大概是北半球的幾月左右，葡萄枝蔓會長出花絮，花呈白色細小狀？（A）二月 （B）四月 （C）六月 （D）八月

(　)14. 發現酒精發酵原理的細菌學家巴斯德博士(Louis Pasteur)是哪一國人？ (A)英國 (B)德國 (C)西班牙 (D)法國

(　)15. 下列哪個國家的葡萄品種沒受到根瘤蚜蟲病的影響？ (A)法國 (B)德國 (C)義大利 (D)美國

(　)16. 經過陽光充足的日照，果肉的糖分上升，酸度下降，果實開始成熟變色。接著，葡萄的藤蔓會變硬木質化，此時的葡萄樹最怕過多的雨水，會影響糖分輸送至果實。南半球應該是，進入採收接階段？ (A)9～10月 (B)11～12月 (C)2～3月 (D)7～8月

(　)17. 德國主要釀造紅酒的品種 Spätburgunder，原產於法國勃根地也是該區唯一的紅葡萄品種，除了用來釀造勃根地的高級紅酒，也是香檳區主要釀製高級香檳的主要品種之一？ (A) Pinot Noir (B) Grenache (C) Pinot Gris (D) Merlot

(　)18. 原產西班牙北部，字源學上意指早熟，是西班牙最著名的品種，適合涼爽溫和的氣候，特別喜歡貧瘠坡地的石灰黏土？ (A) Sangiovese (B) Malbec (C) Zinfandel (D) Tempranillo

(　)19. Gewürztraminer 是早熟的葡萄品種，釀出來的葡萄酒顏色呈粉紅帶紫色，且時而帶青黃色，請問 Gewürztraminer 是下列何種文字？ (A)阿拉伯文 (B)德文 (C)俄文 (D)希臘文

(　)20. 關於綠維特利納(Grüner Veltliner)的描述，下列何者爲非？ (A)主要是德國的萊因河沿岸的陡坡 (B)是指綠色的葡萄 (C)是一種較適應寒冷氣候的晚熟品種，但其適應能力很強 (D)會做成一種稱爲 Heurigen 微氣泡白酒

(　)21. 釀出來的汁液顏色較淺、香氣清新、帶有很多植物性香氣，例如青草，此葡萄品種極可能是？ (A) Viognier (B) Riesling (C) Muscat (D) Sauvignon Blanc

(　)22. 葡萄本身哪一部分沒有含單寧？ (A)籽 (B)皮 (C)梗 (D)果肉

(　)23. 大槽法指的是哪一種酒的釀製法？ (A)紅酒 (B)白酒 (C)粉紅酒 (D)香檳氣泡酒

(　)24. 酒精(Alcohol)是讓酒口感豐富的要角，葡萄酒在發酵的過程中會產生酒精，一般而言，酒精度太高，酵母菌會無法存活，因此紅酒的酒精度大概都不會超過？ (A)10% (B)15% (C)30% (D)40%

(　)25. 葡萄的甜度來源爲？ (A)日照 (B)溫差 (C)土壤 (D)雨水

二、問答題

1. 請解釋葡萄酒的定義？

2. 釀製優質的葡萄酒的四大要素？

3. 法文中有一獨特的字「Terroir」，中文我們將稱之爲「風土條件」包括哪兩大要點？

4. 葡萄的生長周期時序爲？

5. 葡萄酒的基本四項元素結構是？

得 分

班級：＿＿＿＿＿＿ 學號：＿＿＿＿＿＿

姓名：＿＿＿＿＿＿＿＿＿＿＿＿

學後評量—葡萄酒侍酒師

第四章 葡萄酒產區－舊世界

（選擇題每題2分，問答題每題10分，共100分）

一、選擇題

(　) 1. 著名的索甸（Sauternes）甜白酒，是以哪種白葡萄爲主？ （A）Muscat （B）Viognier （C）Semillon （D）Riesling

(　) 2. I.G.P. 代表的意義爲何？ （A）酒莊 （B）產區 （C）認證制度 （D）以上皆是

(　) 3. Syrah 是哪一產區的主要葡萄品種？ （A）勃根地 （B）澳洲 （C）紐西蘭 （D）隆河

(　) 4. 法國波爾多的主要葡萄品種爲何？ （A）Cabernet Sauvignon （B）Merlot （C）Cabernet Franc （D）以上皆是

(　) 5. 下列何者是釀製法國勃根地（Bourgogne）葡萄酒的主要紅葡萄品種？ （A）Pinot Noir （B）Merlot （C）Zinfandel （D）Nebbiolo

(　) 6. 勃根地（Bourgogne）的哪一產區是阿里哥蝶法定產區？ （A）夏布利（B）薄酒萊 （C）布哲宏 （D）伯恩丘

(　) 7. 一般稱作聖愛美濃（St. Emilion）產區，是位於吉隆特河的哪裡？ （A）右岸 （B）左岸 （C）上游 （D）下游

(　) 8. 法國 Mouton-Rothschild 是哪一年晉升爲一級酒莊？ （A）1855 （B）1885 （C）1958 （D）1973

(　) 9. 下列哪一個是法國五大酒莊中，唯一不在梅多克區的酒莊？ （A）Latour （B）Margaux （C）Haut · Brion （D）Lafite

(　)10. 羅亞河谷地的主要白葡萄品種爲何？ （A）Riesling （B）Chenin Blanc （C）Pinot Blanc （D）Gewurztraminer

(　)11. 釀製薄酒萊新酒的葡萄品種爲何？ （A）Shiraz （B）Gamay （C）Malbec （D）Viognier

(　)12. 著名的奇安提（Chianti）葡萄酒，是哪一國的葡萄酒？ （A）法國 （B）德國 （C）義大利 （D）西班牙

(　)13. 教皇新堡產區位於下列哪一區？ （A）波爾多 （B）勃根地 （C）南隆河 （D）普羅旺斯

(　)14. 釀製義大利紅酒 Barolo 的紅葡萄品種爲何？ （A）Grenache （B）Tempranillo （C）Gamay （D）Nebbiolo

(　)15. 下列哪一個義大利產區以風乾葡萄釀酒聞名？ （A）威尼托 （B）奇安提 （C）托斯卡尼 （D）皮埃蒙特

(　)16. 世界上葡萄種植面積最大的國家爲何？（A）美國（B）法國（C）西班牙（D）義大利

(　)17. 以下哪個國家爲雪莉酒生產國？（A）西班牙（B）義大利（C）葡萄牙（D）英國

(　)18. 有酒中之王稱號的 Barolo 產於哪一國？（A）法國（B）德國（C）義大利（D）西班牙

(　)19. 標榜「Reserva」的西班牙紅葡萄酒，必須於橡木桶內陳釀多久？（A）6 個月（B）12 個月（C）18 個月（D）24 個月

(　)20. 下列哪一個城市是國家的首都，也是著名的葡萄酒產區？（A）巴黎（B）維也納（C）雅典（D）羅馬

(　)21. 索雷拉 (Solera) 系統指的是哪種酒的儲存系統？（A）冰酒（B）波特酒（C）雪莉酒（D）貴腐酒

(　)22. 葡萄牙著名的加強葡萄酒是下列哪一種？（A）雪莉酒（B）波特酒（C）干邑（D）酒渣白蘭地

(　)23. 請問葡萄酒產區 Dao 是位在哪一國？（A）葡萄牙（B）義大利（C）法國（D）西班牙

(　)24. 著名的「陡坡酒園」是位於哪一國？（A）法國（B）葡萄牙（C）西班牙（D）德國

(　)25. 有王者之稱的甜白酒 Tokaji，產於哪一國？（A）奧地利（B）德國（C）加拿大（D）匈牙利

二、問答題

1. 請寫出法國10個葡萄酒產區？

2. 請寫出義大利3個葡萄酒產區？

3. 請寫出西班牙5個葡萄酒產區？

4. 請寫出德國5葡萄酒產區？

5. 請舉出奧地利4個葡萄酒產區？

得　分

學後評量—葡萄酒侍酒師

第五章　葡萄酒產區－新世界

班級：＿＿＿＿ 學號：＿＿＿＿
姓名：＿＿＿＿

（選擇題每題2分，問答題每題10分，共100分）

一、選擇題

（　）1. 與法國勃根地緯度相近的是美國哪一產區？（A）華盛頓州（B）納帕谷（C）加州（D）奧勒岡州

（　）2. 緯度與法國波爾多相近的是美國哪一產區？（A）華盛頓州（B）納帕谷（C）加州（D）奧勒岡州

（　）3. 下列何者是紐西蘭葡萄酒產區？（A）馬爾堡（Malborough）（B）昆士蘭（Queensland）（C）獵人谷（Hunter Valley）（D）索諾瑪（Sonoma）

（　）4. 新世界葡萄酒產區的冰酒新王國，指的是下列哪一國？（A）美國（B）加拿大（C）紐西蘭（D）匈牙利

（　）5. 納帕谷（Napa Valley）的葡萄酒，分別在 1976 及 2006 年兩次頂級盲飲對決中大敗法國頂級酒，納帕谷位處哪一國？（A）美國（B）南非（C）澳洲（D）紐西蘭

（　）6. Maipo Valley 是哪一國的葡萄酒產區？（A）澳洲（B）南非（C）阿根廷（D）智利

（　）7. 下列哪一個是美國奧勒岡州的主要紅葡萄品種？（A）Merlot（B）Pinot Noir（C）Zinfandel（D）Syrah

（　）8. 下列哪一個是紐西蘭最主要的白葡萄品種？（A）Sauvignon Blanc（B）Chardonnay（C）Chenin Blanc（D）Riesling

（　）9. 1935 年，美國哪一所大學成立「葡萄種植與葡萄酒釀造學系」？（A）加州大學戴維斯分校（University of California, Davis）（B）加州柏克萊大學（C）南加州大學（D）史丹佛大學

（　）10. 下列哪一個是阿根廷的代表產區？（A）空加瓜谷（Aconcagua Valley）（B）庫那瓦拉（Coonawarra）（C）聖塔芭芭拉（Santa Barbara）（D）門多薩（Mendoza）

（　）11. 世界最南的產區位於紐西蘭的哪一區？（A）吉斯伯恩（B）中奧塔哥（C）霍克斯灣（D）馬爾堡

（　）12. 有全世界最高海拔的葡萄園位於阿根廷的哪一區？（A）薩爾塔（B）門多薩（C）聖胡安（D）黑河

（　）13. 請問以下哪個產區不是位於紐西蘭的北島產區之一？（A）吉斯伯恩（B）霍克斯灣（C）奧克蘭（D）馬爾堡

(　)14. 澳洲西澳產區的土壤特色為：（A）沖積的沈積土壤（B）乾燥的礫石（C）肥沃的黏土（D）紅色火成岩

(　)15. 加州南部區產地的土壤特色為：（A）沖積的沈積土壤（B）砂土型沈積土（C）肥沃的黏土（D）紅色火成岩

(　)16. 獵人谷（Hunter Valley）是澳洲最著名的產區之一，位於哪一省？（A）西澳（Western Australia）（B）新南威爾斯（New South Wales）（C）南澳（South Australia）（D）維多利亞（Victoria）

(　)17. 巴洛薩谷（Barossa Valley）是澳洲最著名的產區之一，位於哪一省？（A）西澳（Western Australia）（B）新南威爾斯（New South Wales）（C）南澳（South Australia）（D）維多利亞（Victoria）

(　)18. 世界上最南端的葡萄酒產酒國？（A）紐西蘭（B）南非（C）阿根廷（D）智利

(　)19. 紐西蘭在哪一年建立「產地認證」（Certified Origin）制度？（A）1900 年（B）1985 年（C）1990 年（D）1996 年

(　)20. 下列何者是阿根廷最經典的紅葡萄品種要屬？（A）馬爾貝克（Malbec）（B）卡門內（Carmenère）（C）希哈（Shiraz）（D）黑皮諾（Pinot Noir）

(　)21. 阿根廷有世界上海拔最高的葡萄園，是指下列何者？（A）薩爾塔（Salta）（B）聖胡安（San Juan）（C）門多薩（Mendoza）（D）黑河（Rio Negro）

(　)22. 馬爾貝克（Malbec）是下列哪一產區最著名的葡萄品種？（A）薩爾塔（Salta）（B）聖胡安（San Juan）（C）門多薩（Mendoza）（D）黑河（Rìo Negro）

(　)23. 下列何者是智利最具代表性的紅葡萄品種？（A）馬爾貝克（Malbec）（B）卡門內（Carmenère）（C）希哈（Shiraz）（D）黑皮諾（Pinot Noir）

(　)24. 智利的葡萄酒於哪年實施生產規範及分級制度？（A）1960 年（B）1970 年（C）1975 年（D）1995 年

(　)25. 智利著名的馬伊波谷（Maipo Valley）位於哪一產區？（A）阿空加瓜（Aconcagua Region）（B）中部谷地（Central Valle）（C）阿他加馬（Atacama Region）（D）奧斯特拉（Austral Region）

二、問答題

1. 請寫出智利阿空加瓜產區的氣候、土壤與葡萄品種。

2. 請說明加州納帕郡山谷葡萄酒產區的氣候、土壤與葡萄品種。

3. 請寫出澳洲4個葡萄酒產區省份。

4. 請寫出阿根廷門多薩產區的氣候、土壤與葡萄品種。

5. 請寫出4個紐西蘭葡萄酒產區？南島有幾個？

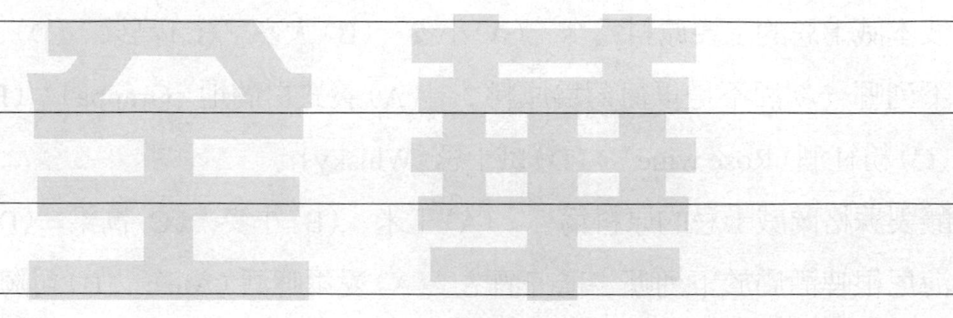

得 分

學後評量—葡萄酒侍酒師

第六章 其他酒類介紹

班級：＿＿＿＿ 學號：＿＿＿＿

姓名：＿＿＿＿

（選擇題每題2分，問答題每題10分，共100分）

一、選擇題

(　) 1. 請問以下何者爲利口酒？ (A)琴酒 (B)蘭姆酒 (C)伏特加 (D)君度橙酒

(　) 2. 墨西哥著名代表性的蒸餾酒是下列爲何？ (A)琴酒 (B)蘭姆酒 (C)龍舌蘭酒 (D)君度橙酒

(　) 3. 琴酒最初的起源是哪一國？ (A)英國 (B)德國 (C)法國 (D)荷蘭

(　) 4. 雅瑪邑(Armagnac)標上 VSOP，是指熟成幾年以上？ (A)2年 (B)3年 (C)5年 (D)6年

(　) 5. 波本威士忌的主要原料爲？ (A)小麥 (B)大麥 (C)高粱 (D)玉米

(　) 6. 下列哪一款酒不是以葡萄爲原料？ (A)義式白蘭地(Grappa) (B)Cognac(干邑) (C)粉紅酒(Rose wine) (D)威士忌(Whisky)

(　) 7. 釀製蘇格蘭威士忌的原料爲： (A)玉米 (B)小麥 (C)高粱 (D)發芽大麥

(　) 8. 海尼根啤酒屬於下列哪一種啤酒？ (A)愛爾啤酒(Ale) (B)司陶特啤酒(Stout) (C)拉格啤酒(Lager) (D)自然發酵啤酒。

(　) 9. 下列哪一種不是蒸餾酒？ (A)啤酒 (B)伏特加 (C)琴酒 (D)干邑

(　)10. 干邑白蘭地的主要葡萄是？ (A) Semillon (B) Pind Gris (C) Ugni Blanc (D) Viognier

(　)11. 可以把大麥的澱粉轉化成可發酵的糖，此種酵素稱爲？ (A)澱粉酶 (B)啤酒花 (C)酵母 (D)酒糟

(　)12. 使用上層發酵酵母，主要是用來釀造哪種啤酒？ (A)愛爾啤酒 (B)拉格啤酒 (C)皮爾森啤酒 (D)比利時啤酒

(　)13. 水的沸點是 100℃，酒精的沸點是？ (A)85.3℃ (B)83.5℃ (C)78.4℃ (D)74.8℃

(　)14. 帶給啤酒苦味的原料是哪一種？ (A)大麥麥芽 (B)水 (C)酵母 (D)啤酒花

(　)15. 蘇格蘭威士忌的特殊風味，主要是受到什麼的影響？ (A)水 (B)蒸餾法 (C)以泥炭爲燃料 (D)酵母的種類

(　)16. 啤酒主要的原料是爲？ (A)大麥麥芽 (B)水 (C)酵母 (D)以上皆是

(　)17. 艾爾啤酒(Ale)使用哪一種水來調製？ (A)礦泉水 (B)雨水 (C)軟水 (D)硬水

(　)18. 拉格啤酒(Larger)使用哪種方式，讓酵母發酵？ (A)上層發酵酵母 (B)下層發酵酵母 (C)一般酵母 (D)玉米

(　)19. 在臺灣常被稱爲黑啤酒，是屬於下列哪種啤酒？ (A)愛爾啤酒(Ale) (B)司陶特啤酒(Stout) (C)拉格啤酒(Larger) (D)巴克啤酒(Bock)

(　)20. 烈酒是指以蒸餾方式(distillation)製造的酒精飲料，其原料是？ (A)葡萄 (B)水果 (C)穀物 (D)以上皆是

(　)21. 歐洲人從哪裡學到以蒸餾法製酒？ (A)法國人 (B)土耳其人 (C)阿拉伯人 (D)印度人

(　)22. 利口酒是以下列何者爲基底，調味或是加甜味而成的酒？ (A)干邑 (B)威士忌 (C)琴酒 (D)以上皆是

(　)23. 伏特加(Vodka)是哪個國家的代表性蒸餾酒？ (A)蘇俄人 (B)墨西哥人 (C)阿拉伯人 (D)瑞典人

(　)24. 會加入不發芽的小麥的啤酒是？ (A)德國啤酒 (B)司陶特啤酒(Stout) (C)拉格啤酒(Larger) (D)比利時啤酒

(　)25. 白蘭地指的是以何種水果蒸餾而成的烈酒？ (A)葡萄 (B)大麥 (C)蘋果 (D)小麥

二、問答題

1. 請說明烈酒和利口酒的不同？並舉出三種常見的利口酒。

2. 啤酒可說是日常生活中最常見的酒精性飲料，主要原料包含哪些？

3. 請簡單說明干邑VP、VSOP和XO的不同。

4. 啤酒的釀造步驟爲何？

5. 烈酒的製作蒸餾法一般分為幾種？

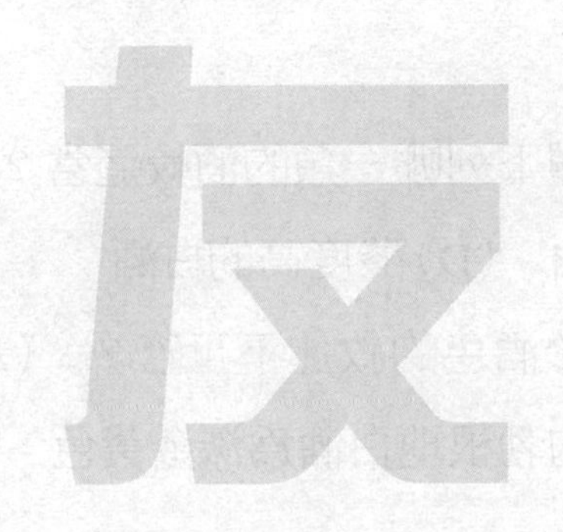

得 分

學後評量—葡萄酒侍酒師

第七章 葡萄酒的品嘗與搭配

班級：＿＿＿＿＿ 學號：＿＿＿＿＿

姓名：＿＿＿＿＿＿＿＿＿＿

（選擇題每題2分，問答題每題10分，共100分）

一、選擇題

（　）1. 西方的酒類以何種釀造為大宗？ (A)麥類 (B)穀類 (C)米類 (D)水果類

（　）2. 東方的酒類釀製方式以何為主？ (A)發酵酒為主 (B)蒸餾酒為主

（　）3. 西式的品酒方式與中式的哪種品飲極為類似？ (A)高粱酒 (B)紹興酒 (C)品茶方式 (D)啤酒

（　）4. 下列哪一個不是食物與葡萄酒配對的原則？ (A)喝清爽的酒再喝濃郁的酒 (B)先喝白酒再喝紅酒 (C)先喝老齡酒再喝淺齡酒 (D)先喝不甜的酒再喝甜的酒

（　）5. 喝葡萄酒時搖晃杯子的作用是： (A)習慣動作 (B)欣賞酒色 (C)醒酒作用 (D)揮發酒精

（　）6. 在搭配辛辣的食物時，我們建議用： (A)清爽白酒 (B)濃郁的白酒 (C)帶甜的白酒 (D)清爽的紅酒

（　）7. 下列哪一項不是品酒時，味覺上須判別的重點？ (A)酒精強度 (B)單寧 (C)酒體 (D)酸度

（　）8. 下列哪一個不是葡萄酒香氣的來源？ (A)果實本身 (B)發酵 (C)浸泡添加 (D)橡木桶熟成

（　）9. 中式菜色應選擇下列哪一類的酒較適當？ (A)酸甜的白酒 (B)酒體濃郁的紅酒 (C)單寧強烈的紅酒 (D)酸度高的白酒

（　）10. 下列哪一個關於酒色的敘述不正確？ (A)年輕的 Sauvignon Blanc 為稻草色帶綠色 (B)10 年以上的勃根地白酒為深金黃色 (C)年輕的紅酒為紅寶石色或磚紅色 (D)薄酒萊新酒是淡紫色

（　）11. CMS 侍酒師的盲飲測驗中，所使用的方式稱為？ (A)盲飲酒測 (B)演繹式品飲法 (C)品酒技巧 (D)品嘗方式

（　）12. 品酒時，杯中酒的光澤品質不穩定，可能過度發酵的酒，所呈現的狀態是： (A)混濁／Cloudy (B)朦朧／Hazy (C)暗沈／Dull (D)明亮／Bright

（　）13. 以演繹式品飲法判別出葡萄酒年齡和狀態，是觀察酒的？ (A)色澤 (B)淨度 (C)酒痕 (D)沉澱物或微粒

（　）14. 酒從杯身滑下的痕跡就是酒痕，代表： (A)酒的品質 (B)酒的濃度 (C)酒的年分 (D)酒的好壞

(　)15. 葡萄成長階段中，氣溫高使葡萄完全成熟，所釀製出的酒體是？ (A)酒色較淺 (B)酒精濃度較低 (C)酒痕移動快速 (D)酒體醇化濃度高

(　)16. 一般味覺只能品嘗出幾個味道？ (A)3 個 (B)4 個 (C)5 個 (D)6 個

(　)17. 嗅覺可以辨別出多少種不同的氣味？ (A)100 種 (B)500 種 (C)上萬種 (D)10 萬種以上

(　)18.「醇香」指的是？ (A)成熟或發展後的氣味 (B)年輕或未發展的香氣 (C)發展中的桶香 (D)葡萄的發酵香

(　)19. 若一杯酒有出現皮革、煙草和香料味，可以判別香氣來源是： (A)葡萄原有的香味 (B)發酵後產生的氣味 (C)陳釀的酒香 (D)因地層裡富含礦物質

(　)20. 形容葡萄酒是輕盈的、中等濃郁、醇厚的，我們稱為？ (A)酒精強度 (B)單寧酸 (C)酒體 (D)平衡感

(　)21. 判別葡萄酒的年齡與狀況，主要是品飲步驟中的哪一環？ (A)視覺 (B)嗅覺 (C)味覺 (D)感覺

(　)22. 判別葡萄酒是否過度氧化，是品飲步驟的哪一環？ (A)視覺 (B)嗅覺 (C)味覺 (D)感覺

(　)23. 酒痕的的稠度與快慢與葡萄酒的哪一現象無關？ (A)品質 (B)酒體 (C)殘糖含量 (D)酒精

(　)24. 葡萄酒中主要的抗氧化劑為何？ (A)酒精 (B)酸度 (C)單寧 (D)糖分

(　)25. 使葡萄酒具有層次感、架構，與下列何者有關？ (A)酒精 (B)酸度 (C)單寧 (D)糖分

二、問答題

1. 西式的葡萄酒品飲技巧包含？

2. 葡萄酒中的香氣來源可分爲來自？

3. 平衡感指的是葡萄酒的哪些元素的和諧？

4. 食物與酒搭配的五大原則？

5. 葡萄酒結構四大要素？